全国技工院校机械类专业通用（高级技能层级）

极限配合与技术测量（第五版）习题册

中国劳动社会保障出版社

简介

本习题册是全国技工院校机械类专业通用教材（高级技能层级）《极限配合与技术测量（第五版）》的配套用书。本习题册紧扣教学要求，按照教材章节顺序编排，知识点分布均衡，题型丰富多样，难易配置适当，有助于学生复习巩固所学知识。

本习题册由王希波主编，朱礼明任副主编，王长松、吴清萍、扈子杨、王雪参加编写。

图书在版编目(CIP)数据

极限配合与技术测量（第五版）习题册/王希波主编. -- 北京：中国劳动社会保障出版社，2018

全国技工院校机械类专业通用. 高级技能层级

ISBN 978-7-5167-3636-4

Ⅰ.①极… Ⅱ.①王… Ⅲ.①公差-配合-技工学校-习题集②技术测量-技工学校-习题集 Ⅳ.①TG801-44

中国版本图书馆 CIP 数据核字(2018)第 186604 号

中国劳动社会保障出版社出版发行

（北京市惠新东街 1 号 邮政编码：100029）

*

河北品睿印刷有限公司印刷装订 新华书店经销

787 毫米×1092 毫米 16 开本 6.5 印张 153 千字

2018 年 8 月第 1 版 2024 年11月第 9 次印刷

定价：12.00 元

营销中心电话：400-606-6496

出版社网址：http://www.class.com.cn

http://jg.class.com.cn

版权专有 侵权必究

如有印装差错，请与本社联系调换：（010）81211666

我社将与版权执法机关配合，大力打击盗印、销售和使用盗版图书活动，敬请广大读者协助举报，经查实将给予举报者奖励。

举报电话：（010）64954652

目　录

模块一　极限配合与尺寸检测

课题一　尺寸公差与检测

一、填空题（将正确答案填写在横线上）

1. 机械制造业中的互换性，通常包括________和________的互换性。

2. 工件的加工误差主要包括________误差、____________和位置误差、____________误差等。

3. 尺寸公差是一个没有正负号的绝对值，用符号____表示。孔的尺寸公差用符号____表示，轴的尺寸公差用符号____表示。

4. 判定零件合格的条件是测得尺寸必须在______尺寸与______尺寸之间。

5. 当上极限尺寸等于公称尺寸时，其______偏差等于零。

6. 零件按照互换范围的不同，可分为________零件和________零件。

7. 极限尺寸分为________和________。

8. 极限偏差分为________和________。

二、判断题（正确的在括号内打✓，错误的在括号内打×）

1. 单件生产时往往采用完全互换零件。（　　）

2. 在两个极限尺寸中，数值较小的是下极限尺寸。（　　）

3. 尺寸公差可以是正值、负值或零。（　　）

4. 一般情况下，上极限偏差的绝对值总是大于下极限偏差的绝对值。（　　）

5. 如果零件的实际尺寸等于公称尺寸，此零件肯定合格。（　　）

6. 公称尺寸必须大于或等于下极限尺寸，并小于或等于上极限尺寸。（　　）

7. 一般情况下，上极限偏差为正值，下极限偏差为负值。（　　）

8. 如果游标卡尺存在零位偏移，使用者应该对游标卡尺进行调整或维修。（　　）

9. 读取游标卡尺示值时，视线应与尺身表面垂直。（　　）

10. 用游标卡尺测量完工件后，要把卡尺竖放，以免引起尺身弯曲变形。（　　）

11. 孔是指工件的圆柱形内表面，由二平行平面或切面形成的包容面不能称为孔。（　　）

三、选择题（将正确答案的序号填写在括号内）

1. 设计者根据零件的使用要求，通过计算、试验或按类比法确定的尺寸是（　　）。

A. 实际尺寸　　B. 测得尺寸　　C. 公称尺寸

2. 孔的上极限尺寸用（　　）表示。

A. D_{up}　　B. D_{low}　　C. d_{up}　　D. d_{low}

3. 轴的上极限偏差用（　　）表示。

A. ES　　B. EI　　C. es　　D. ei

4. 游标卡尺使用完毕后，（　　）。

A．量爪不能合拢　　B．应浸泡在油中　　C．应水平放置

5．使用游标卡尺的正确方法是（　　）。

A．用游标卡尺测量运动的工件

B．用卡尺的量爪在工件上划线

C．在被测工件上推拉

D．用右手大拇指推动游标将测量爪与被测表面贴紧

6．上下极限尺寸与公称尺寸的关系是（　　）。

A．前者大于后者　　B．前者小于后者

C．前者等于后者　　D．两者之间的大小无法确定

7．下极限尺寸减其公称尺寸所得的代数差为（　　）。

A．上极限偏差　　B．下极限偏差　　C．基本偏差　　D．公差

8．公差带图上的零线表示（　　）。

A．下极限尺寸　　B．下极限尺寸

C．公称尺寸　　D．实际尺寸

四、问答题

1．什么是互换性？互换性有什么优点？请列举互换性在生产或生活中的应用实例。

2．什么是公称尺寸？

3．什么是极限尺寸？什么是上极限尺寸？什么是下极限尺寸？

4．什么是上极限偏差？什么是下极限偏差？

5．什么是尺寸公差？

五、计算题

1. 计算尺寸为 $\phi72^{+0.034}_{-0.040}$ mm 的孔的尺寸公差、上极限尺寸和下极限尺寸。

2. 计算尺寸为 $\phi30^{\ 0}_{-0.033}$ mm 的轴的尺寸公差、上极限尺寸和下极限尺寸。

3. 已知尺寸 $\phi40$ mm 的上极限尺寸为 40.024 mm，下极限尺寸为 39.985 mm，计算其上极限偏差、下极限偏差和尺寸公差，并在图 1—1 中标注上、下极限偏差。

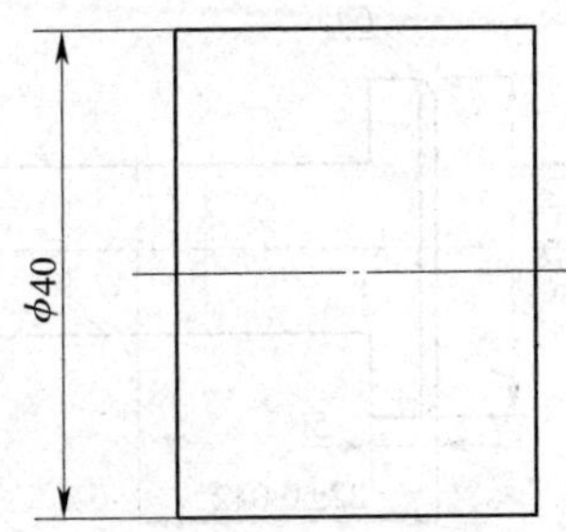

图 1—1　标注上、下极限偏差

4. 绘制尺寸 $\phi25^{+0.020}_{-0.013}$ mm、(22 ±0.042) mm、$\phi10^{+0.058}_{\ 0}$ mm 的公差带图。

5. 根据表中的已知数值，填写其他数值。

mm

公称尺寸	上极限尺寸	下极限尺寸	上极限偏差	下极限偏差	公差	尺寸标注形式
$\phi20$	19. 985	19. 970				
$\phi26$						$\phi26^{+0.052}_{0}$
$\phi30$			+0. 012		0. 021	
$\phi55$			−0. 050	−0. 096		
$\phi60$	60. 041				0. 074	
$\phi105$		104. 978			0. 035	

六、综合题

1. 识读图 1—2 中标有极限偏差值的尺寸，按下表内容填写有关数值。

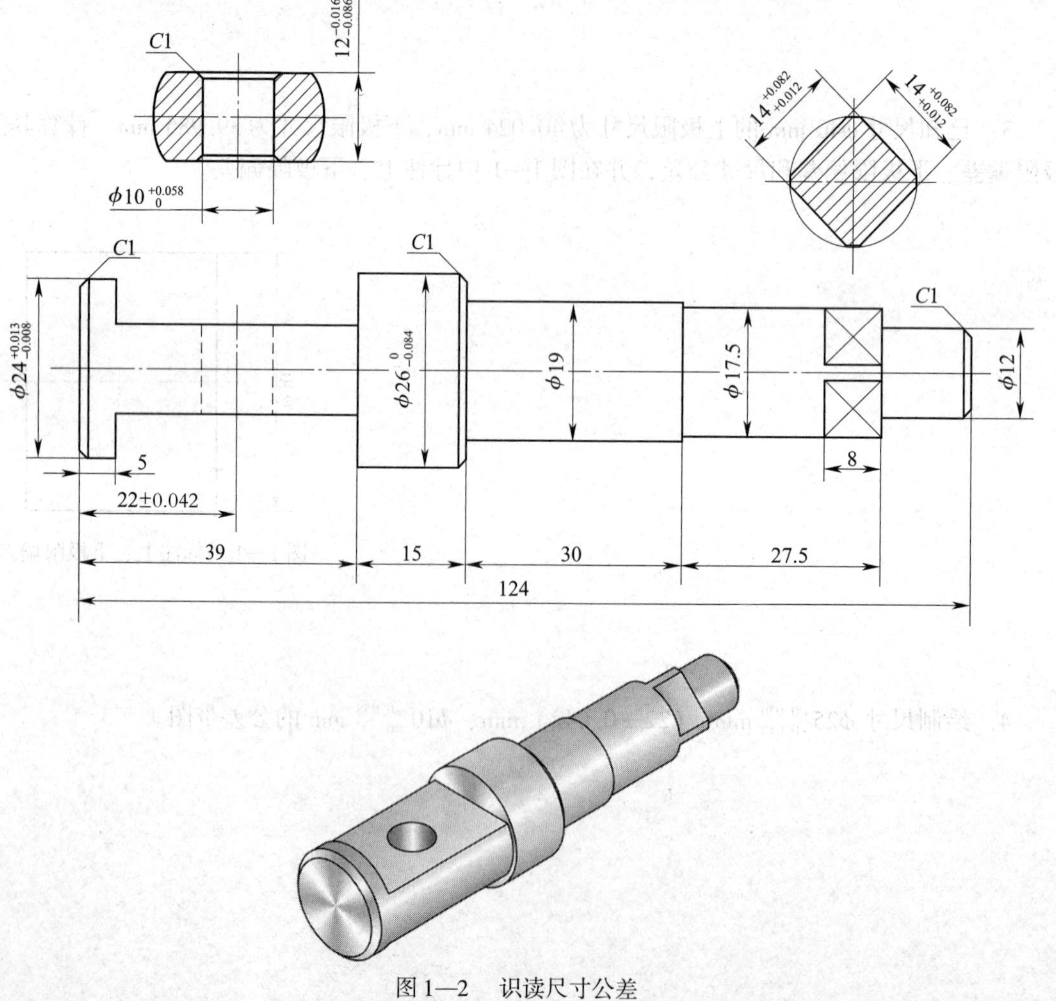

图 1—2　识读尺寸公差

mm

序号	标注尺寸	公称尺寸	上极限偏差	下极限偏差	上极限尺寸	下极限尺寸
1						
2						
3						
4						
5						
6						

2. 填写图 1—3 所示的游标卡尺各部分结构的名称、用途和该游标卡尺的分度值。

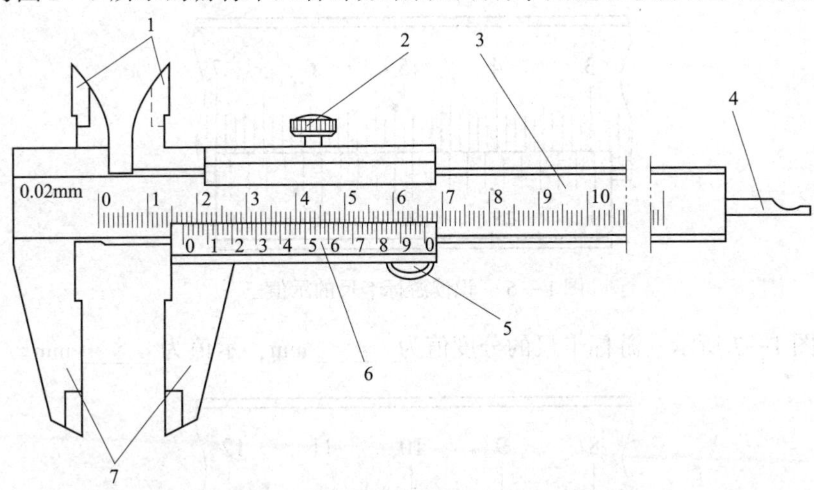

图 1—3　游标卡尺

（1）序号 1 指的是__________，其用途是__________________________。
（2）序号 2 指的是__________，其用途是__________________________。
（3）序号 3 指的是__________，其用途是__________________________。
（4）序号 4 指的是__________，其用途是__________________________。
（5）序号 5 指的是__________，其用途是__________________________。
（6）序号 6 指的是__________，其用途是__________________________。
（7）序号 7 指的是__________，其用途是__________________________。
（8）该游标卡尺的分度值是________。

3. 识读如图 1—4 ~ 图 1—7 所示游标卡尺的分度值和示值。

（1）如图 1—4 所示，游标卡尺的分度值为______ mm，示值为______ mm。

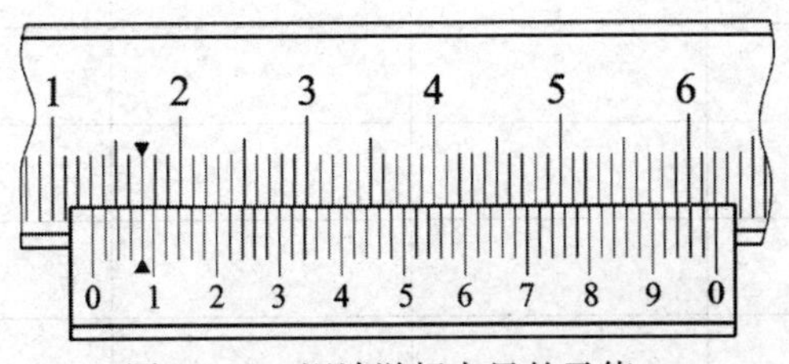

图 1—4　识读游标卡尺的示值一

（2）如图 1—5 所示，游标卡尺的分度值为______ mm，示值为______ mm。

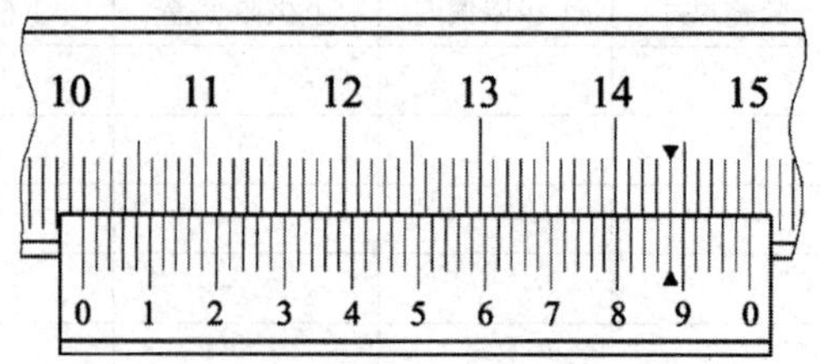

图 1—5 识读游标卡尺的示值二

（3）如图 1—6 所示，游标卡尺的分度值为______ mm，示值为______ mm。

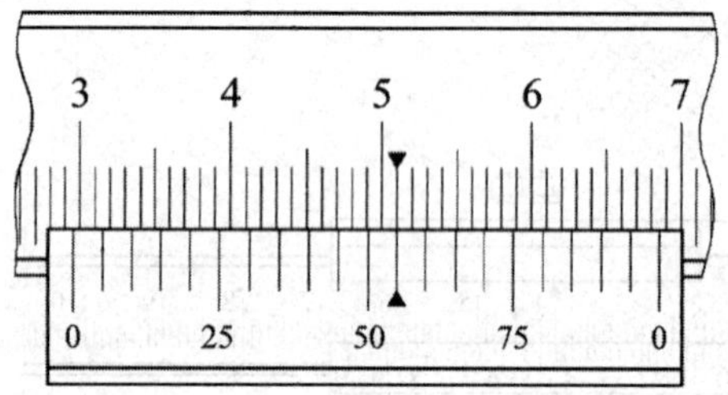

图 1—6 识读游标卡尺的示值三

（4）如图 1—7 所示，游标卡尺的分度值为______ mm，示值为______ mm。

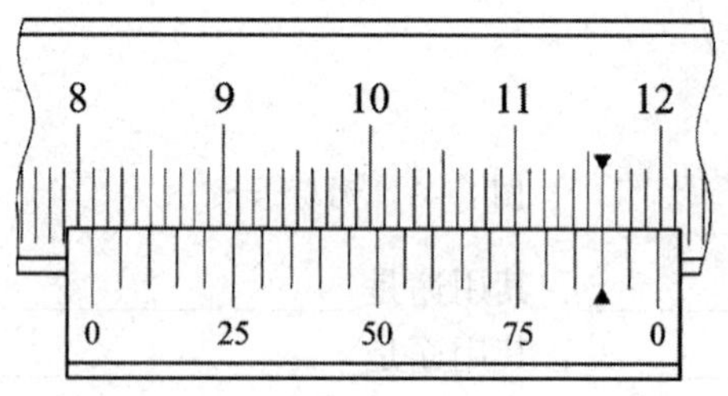

图 1—7 识读游标卡尺的示值四

七、检测题

1. 用游标卡尺测量教材中图 1—11 所示轴套的尺寸，填入下表，并根据教材图 1—2 所示公差要求判断零件尺寸是否合格。

mm

被测尺寸	测得尺寸 1	测得尺寸 2	上极限尺寸	下极限尺寸	是否合格
$\phi25^{+0.052}_{0}$					
$\phi40^{+0.052}_{-0.010}$					
$\phi45^{+0.087}_{+0.025}$					
30 ±0. 2					
10 ±0. 1					

2. 根据学校实际情况选择一个零件，用游标卡尺测量该零件尺寸（通常包括直径、长度或宽度、孔距或边距、孔径或槽宽、深度及倒角等），将测量结果填入下表，并根据图样要求判断尺寸的合格性。

mm

游标卡尺的测量范围				
游标卡尺的分度值				
序号	标注尺寸及公差	测得尺寸 1	测得尺寸 2	是否合格
1				
2				
3				
4				
5				
6				
7				
8				
9				
10				
11				
12				

注：一般公差按中等级（m）查取。

课题二　公差代号与尺寸检测

一、填空题（将正确答案填写在横线上）

1. 国家标准规定，标准公差的精度等级分为____个等级，其中，______精度最高，______精度最低。

2. 基本偏差是在公差带图中靠近______的那个极限偏差。

3. 基本偏差用字母表示，孔的基本偏差用______字母表示，轴的基本偏差用______字母表示。

4. 基本偏差代号“h”的基本偏差为____极限偏差，数值为____；基本偏差代号“H”

的基本偏差为____极限偏差，数值为____。

5. 线性尺寸的一般公差分为__________、__________、__________和__________ 4 个公差等级。

6. 国家标准规定了一般用途的 119 个轴的公差带和 105 个孔的公差带，59 个________的公差带和 44 个________的公差带，各 13 个孔和轴的______公差带。

7. 一个完整的尺寸公差代号由公称尺寸、__________和__________组成。

二、判断题（正确的在括号内打✓，错误的在括号内打×）

1. 一般情况下，基本偏差是下极限偏差。（　　）

2. IT2 的精度比 IT1 的精度高。（　　）

3. 标准公差的数值与尺寸公差等级和公称尺寸分段有关，与基本偏差无关。（　　）

4. 如果两尺寸的公差值相同，则它们的精度等级也相同。（　　）

5. 基本偏差可以是正值、负值或零。（　　）

6. 基本偏差的数值只与基本偏差代号和公称尺寸的分段有关，与公差等级无关。（　　）

7. 由于基本偏差可能是上极限偏差或下极限偏差，因而一个公差带的基本偏差就可能有两个。（　　）

8. 基本偏差的绝对值一定比另外一个极限偏差的绝对值小。（　　）

9. 在公差等级相同的情况下，不同的尺寸段，公称尺寸越大，公差值越大。（　　）

10. 自由公差的极限偏差值均采用对称偏差值。（　　）

11. 图样上没有标注公差的尺寸是自由尺寸，它们无公差要求。（　　）

12. 用公差代号标注线性尺寸的公差时，公差带代号要比公称尺寸的数字高度小一号。（　　）

三、选择题（将正确答案的序号填写在括号内）

1. 下列尺寸公差代号中，公差等级最高的是（　　）。

A. ϕ50h6　　B. 30k7　　C. 80M5

2. 千分尺的测量精度一般为（　　）mm。

A. 0.01　　B. 0.02　　C. 0.05

3. $\phi 65^{+0.009}_{-0.021}$ mm 的基本偏差为（　　）mm。

A. +0.009　　B. −0.021　　C. 0.030

4. 公差带的位置由（　　）确定。

A. 上极限偏差　　B. 下极限偏差

C. 基本偏差　　D. 公差等级

5. 公差带的大小由（　　）确定。

A. 基本偏差　　B. 公差值　　C. 基本尺寸　　D. 公差等级

6. $\phi 60^{\ 0}_{-0.046}$ mm 与 $\phi 200^{+0.046}_{\ 0}$ mm 相比，其尺寸精度（　　）。

A. 相同　　B. 前者高，后者低

C. 前者低，后者高　　D. 无法比较

7. 国家标准规定，孔、轴的基本偏差各有（　　）种。

A. 24　　B. 26　　C. 28　　D. 29

四、问答题

1．什么是基本偏差？

2．千分尺的测力装置有什么用途？

3．使用千分尺测量工件时，什么是双手测量法？什么是单手测量法？

五、计算题

1．查表并计算 ϕ78p7 的上、下极限偏差和尺寸公差，绘制其公差带图。

2．查表并计算 ϕ35K6 的上、下极限偏差和尺寸公差，绘制其公差带图。

六、综合题

1．识读图 1—8 中的尺寸公差。

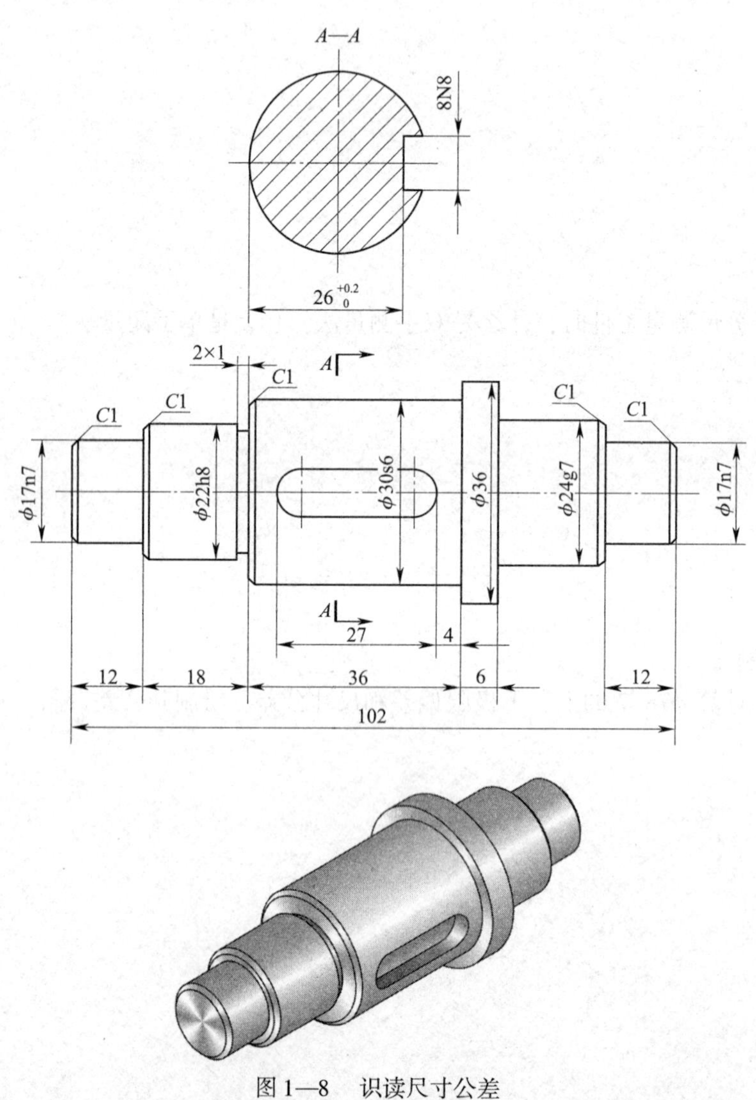

图 1—8　识读尺寸公差

（1）识读图中尺寸的公差代号，查表并计算有关数值，填入下表。

mm

序号	1	2	3	4	5
标注尺寸	ϕ17n7	ϕ22h8	ϕ30s6	8N8	ϕ24g7
公称尺寸					
基本偏差代号					
公差等级					
尺寸公差					
基本偏差					
上极限偏差					
下极限偏差					
上极限尺寸					
下极限尺寸					

（2）从图中找出一般公差尺寸，查表（按中等级 m 查取）填写有关数值。

mm

序号	标注尺寸	公称尺寸	上极限偏差	下极限偏差	上极限尺寸	下极限尺寸
1						
2						
3						
4						
5						
6						
7						
8						
9						
10						
11						
12						

2. 识读外径千分尺的示值。

（1）如图 1—9 所示，外径千分尺的示值为______ mm。

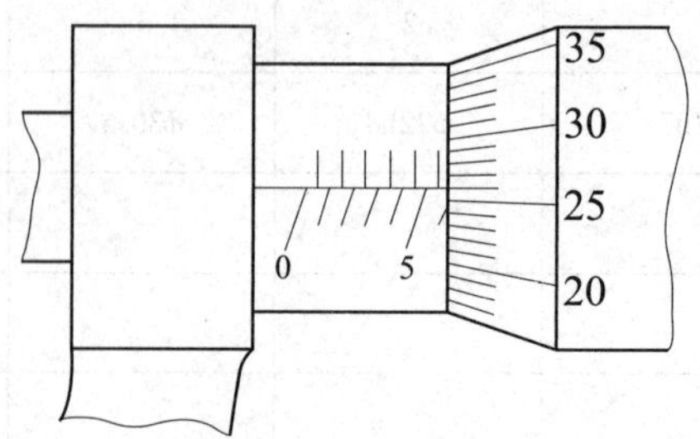

图 1—9　识读外径千分尺的示值一

（2）如图 1—10 所示，外径千分尺的示值为______ mm。

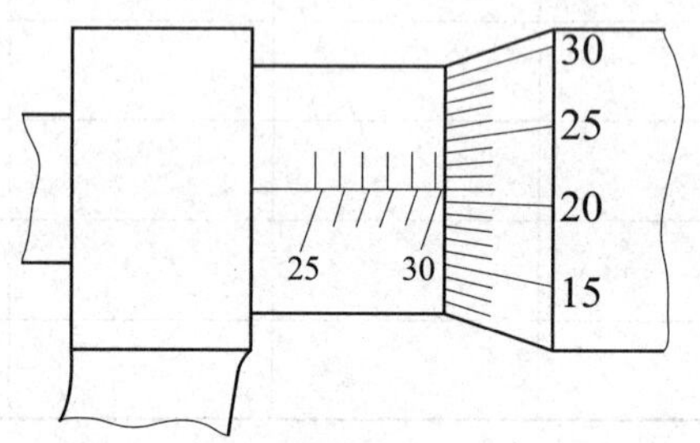

图 1—10　识读外径千分尺的示值二

（3）如图 1—11 所示，外径千分尺的示值为______ mm。

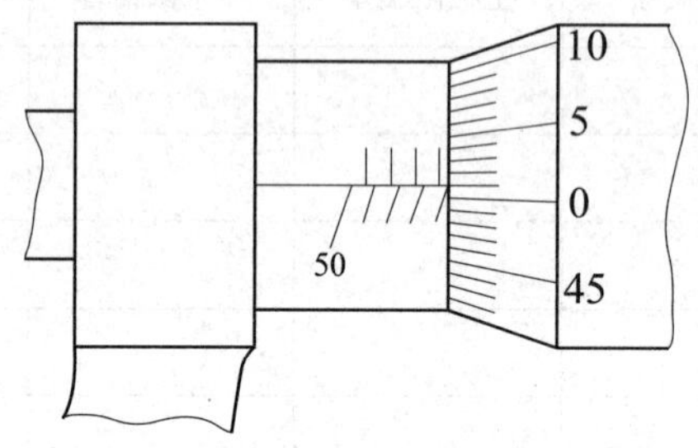

图 1—11　识读外径千分尺的示值三

（4）如图 1—12 所示，外径千分尺的示值为______ mm。

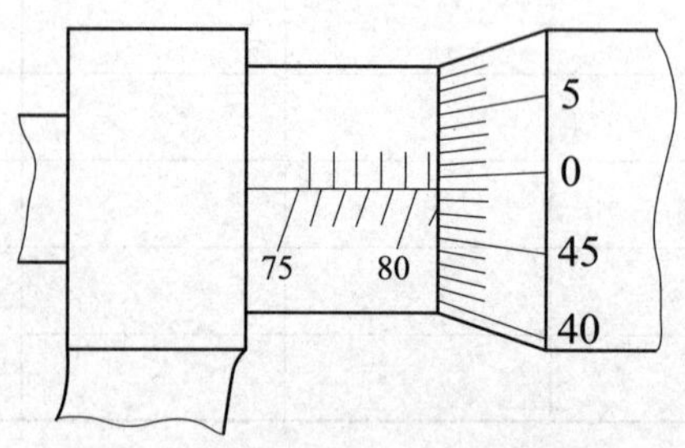

图 1—12　识读外径千分尺的示值四

3．按下表中给定的极限偏差，在图 1—13 中标注相应的尺寸公差。

mm

序号	标注项目	上极限偏差	下极限偏差
1	ϕ20 外圆	0	－0.013
2	ϕ30 外圆	0	－0.021
3	ϕ50 外圆	－0.009	－0.071
4	ϕ40 内孔	＋0.039	0
5	键槽宽度 8	－0.015	－0.051
6	键槽深度 26	＋0.2	0
7	孔深 10	＋0.010	－0.010
8	偏心距 5	＋0.015	－0.015
9	一般公差	按 GB/T 1804—f 级标注	

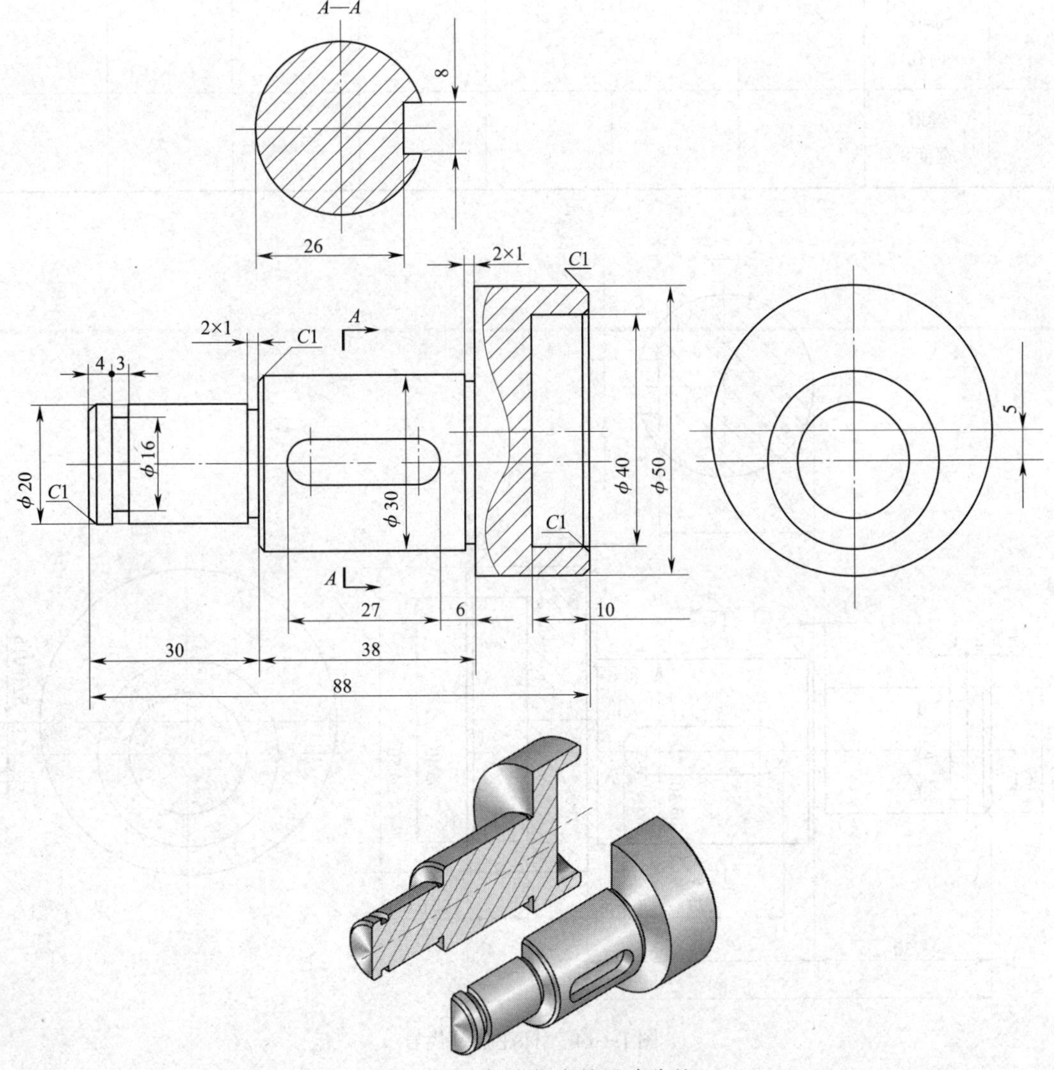

图 1—13　标注相应的尺寸公差

4. 按上题给定的极限偏差，通过查表求得尺寸公差代号，填入下表，并在图 1—14 中标注公差代号。

mm

序号	标注项目	上极限偏差	下极限偏差	基本偏差	基本偏差代号	公差	公差等级	公差代号
1	ϕ20 外圆							
2	ϕ30 外圆							
3	ϕ50 外圆							
4	ϕ40 内孔							
5	键槽宽度 8							

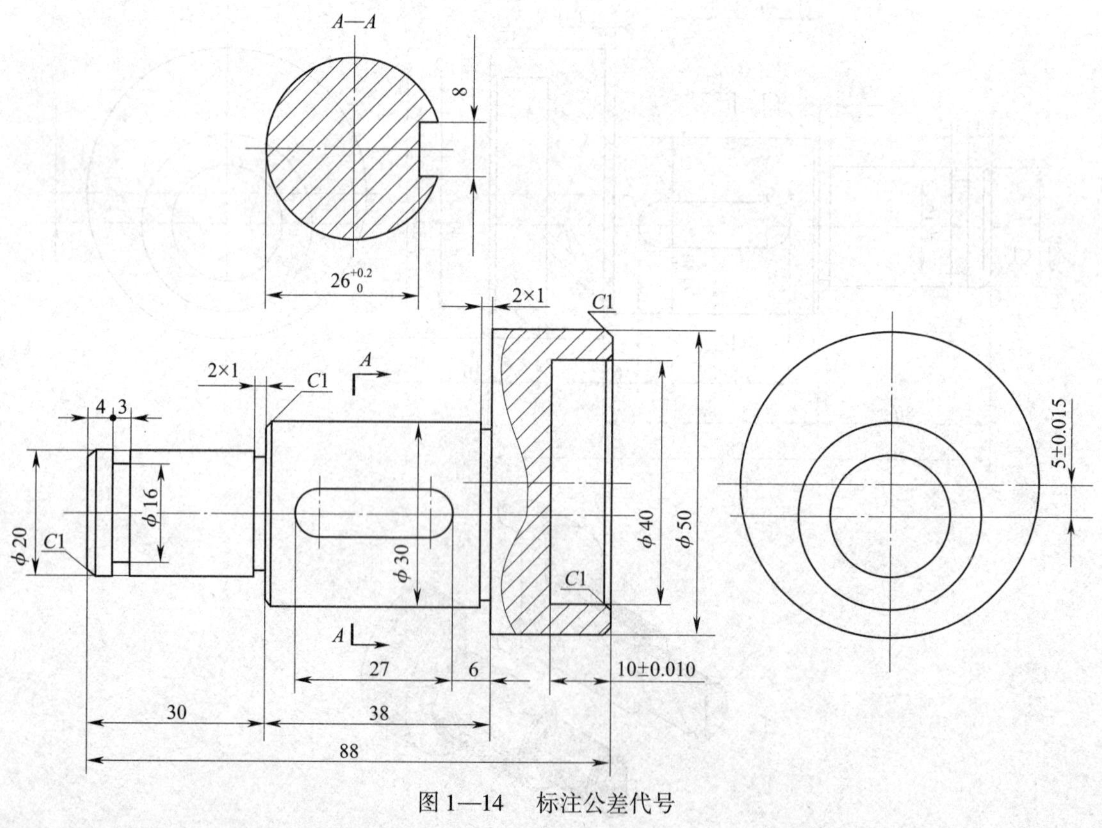

图 1—14 标注公差代号

七、检测题

1. 用千分尺测量教材中图 1—25 所示连接轴的尺寸 $\phi 45_{-0.025}^{0}$ mm、$\phi 25_{-0.041}^{-0.020}$ mm、$\phi 10_{0}^{+0.022}$ mm、$16_{-0.025}^{+0.002}$ mm，并填入下表，判断零件尺寸是否合格。

mm

序号	被测尺寸	测得尺寸 1	测得尺寸 2	测得尺寸 3	测得尺寸平均值	上极限尺寸	下极限尺寸	是否合格
1	$\phi 45_{-0.025}^{0}$							
2	$\phi 25_{-0.041}^{-0.020}$							
3	$\phi 10_{0}^{+0.022}$							
4	$16_{-0.025}^{+0.002}$							

2. 测量按照图 1—13 制造的零件的尺寸，判断零件是否合格。

mm

序号	标注尺寸	上极限尺寸	下极限尺寸	所用量具及规格	实测尺寸	是否合格
1	$\phi 20_{-0.013}^{0}$					
2	$\phi 30_{-0.021}^{0}$					
3	$\phi 50_{-0.071}^{-0.009}$					
4	$\phi 40_{0}^{+0.039}$					
5	$8_{-0.016}^{+0.006}$					
6	10 ± 0.010					
7	5 ± 0.015					
8	$\phi 16$					
9	30					
10	38					
11	27					
12	6					
13	88					
14	4					
15	3					

3．用外径千分尺、游标卡尺等量具测量图 1—8 所示零件的尺寸，判断零件是否合格。也可根据学校实际情况选择一个零件，按图样要求选择合适的量具，测量尺寸，将测量结果填入下表，并判断零件是否合格。

mm

序号	标注尺寸	上极限尺寸	下极限尺寸	所用量具及规格	实测尺寸	是否合格
1						
2						
3						
4						
5						
6						
7						
8						
9						
10						
11						
12						
13						
14						
15						
16						
17						
18						
19						
20						

注：一般公差按中等级（m）查取。

课题三　配合代号及选用

一、填空题（将正确答案填写在横线上）

1．按照孔公差带和轴公差带的相对位置不同，配合分为______配合、______配合和______配合三种。

2. 从一批尺寸合格的孔和轴中任取一对，装配后都具有间隙的配合称为______配合。可能有______，也可能有______的配合，称为过渡配合。

3. 在公差带图中，孔公差带在轴公差带之下的配合是______配合。

4. 孔、轴配合时，如果 ES = ei，那么此配合是______配合；如果 ES = es，那么此配合是______配合；如果 EI = es，那么此配合是______配合。

5. 已知基准孔的公差为0.013 mm，则其下极限偏差为____ mm，上极限偏差为______ mm。

6. 基孔制的孔、轴配合，已知其最小间隙为0.05 mm，则轴的上极限偏差为______ mm。

7. 孔、轴配合时，$ES < ei$ 的配合属于______配合，$EI > es$ 的配合属于______配合。

8. 在过盈配合中，当孔的尺寸为____________、轴的尺寸为____________时，出现最小过盈。

二、判断题（正确的在括号内打✓，错误的在括号内打×）

1. 配合代号中，分子为孔的公差带代号，分母为轴的公差带代号。（　　）
2. 孔的上极限偏差为零时的配合为基孔制配合。（　　）
3. 因为轴比孔容易加工，所以一般情况下，应优先选用基轴制。（　　）
4. 相互配合的孔和轴，其公称尺寸必须相等。（　　）
5. 只要孔和轴安装在一起，就必然形成配合。（　　）
6. 在过盈配合中，轴的公差带在孔的公差带上方。（　　）
7. 在孔、轴配合时，轴的公差带越靠近零线，则配合越松。（　　）
8. 在间隙配合中，$X_{min} \geq 0$；在过盈配合中，$|Y_{min}| \geq 0$。（　　）
9. 凡是可能出现间隙的配合一定属于间隙配合。（　　）
10. 在孔、轴配合中，如果 EI≥es，则此配合必为间隙配合。（　　）
11. ϕ50H8/u7 属于过盈配合，而且过盈量还比较大。（　　）
12. 间隙配合的孔的公差带完全在轴的公差带之上。（　　）

三、选择题（将正确答案的序号填写在括号内）

1. 在间隙配合中，孔的上极限尺寸与轴的下极限尺寸之差为（　　）。
A. 最大过盈　　B. 最大间隙　　C. 最小间隙　　D. 最小过盈

2. 孔的公差带在轴的公差带之上的配合为（　　）。
A. 间隙配合　　B. 过渡配合　　C. 过盈配合

3. 下列孔与基准轴 ϕ60h6 配合时，其最小过盈最大的是（　　）。
A. ϕ60E7　　B. ϕ60H7　　C. ϕ60R7　　D. ϕ60U7

4. 一般情况下，联轴器、带轮、凸轮等的孔径采用的公差等级为（　　）。
A. IT5　　B. IT7　　C. IT10　　D. IT11

5. 用于精确定位的配合一般采用（　　）。
A. 间隙配合　　B. 过渡配合　　C. 过盈配合

6. 配合的松紧程度取决于（　　）。
A. 上极限尺寸　　B. 下极限尺寸　　C. 基本偏差　　D. 极限偏差

7. 当孔的下极限尺寸与相配合的轴的上极限尺寸之代数差为正值时，此代数差称为（　　）。
A. 最大间隙　　B. 最小间隙　　C. 最大过盈　　D. 最小过盈

8. 当孔的上极限尺寸与相配合的轴的下极限尺寸之代数差为负值时，此代数差称为（　　）。

A. 最大间隙　　B. 最小间隙　　C. 最大过盈　　D. 最小过盈

9. 当孔的下极限偏差大于相配合的轴的上极限偏差时，此配合的性质是（　　）。

A. 间隙配合　　B. 过渡配合　　C. 过盈配合　　D. 无法确定

10. 当孔的下极限偏差小于相配合的轴的上极限偏差时，此配合的性质是（　　）。

A. 间隙配合　　B. 过渡配合　　C. 过盈配合　　D. 无法确定

11. 当孔的上极限偏差大于相配合的轴的下极限偏差时，此配合的性质是（　　）。

A. 间隙配合　　B. 过渡配合　　C. 过盈配合　　D. 无法确定

12. 当孔的上极限偏差小于相配合的轴的上极限偏差，而大于其下极限偏差时，此配合的性质是（　　）。

A. 间隙配合　　B. 过渡配合　　C. 过盈配合　　D. 无法确定

13. 孔和轴配合时，如果 EI < ei < ES，则为（　　）。

A. 间隙配合　　B. 过渡配合　　C. 过盈配合　　D. 无法确定

14. 相互配合的孔和轴，当轴的基本偏差为（　　）时，与基准孔形成间隙配合。

A. g　　B. n　　C. t　　D. x

四、问答题

1. 什么是配合？

2. 什么是间隙配合？什么是过盈配合？什么是过渡配合？

3. 什么是基孔制？什么是基轴制？

4．为什么要优先选用基孔制？

五、计算题

1．根据下表中的已知数值确定其他数值，并填写在表中。

mm

基本尺寸	孔			轴			最大间隙或最小过盈	最小间隙或最大过盈	配合种类
	上极限偏差	下极限偏差	公差	上极限偏差	下极限偏差	公差			
ϕ36		0			+0.017	0.025	+0.019		
ϕ14		0	0.018		+0.022			−0.049	
ϕ82			0.035	0			+0.101	+0.012	

2．查表求下列相配合的孔和轴的极限偏差，计算最大间隙或最小过盈、最小间隙或最大过盈，并说明配合的基准制和配合种类。

mm

配合尺寸	孔的尺寸及极限偏差	轴的尺寸及极限偏差	X_{max}或Y_{min}	X_{min}或Y_{max}	基准制	配合种类
ϕ50H8/f7						
ϕ80G10/h10						
ϕ30K7/h6						
ϕ140H8/r8						
ϕ50K7/h6						

3．分析图1—15中的配合属于哪一种基准制及哪一类配合，并在图中标出最大间隙或最小过盈、最小间隙或最大过盈。

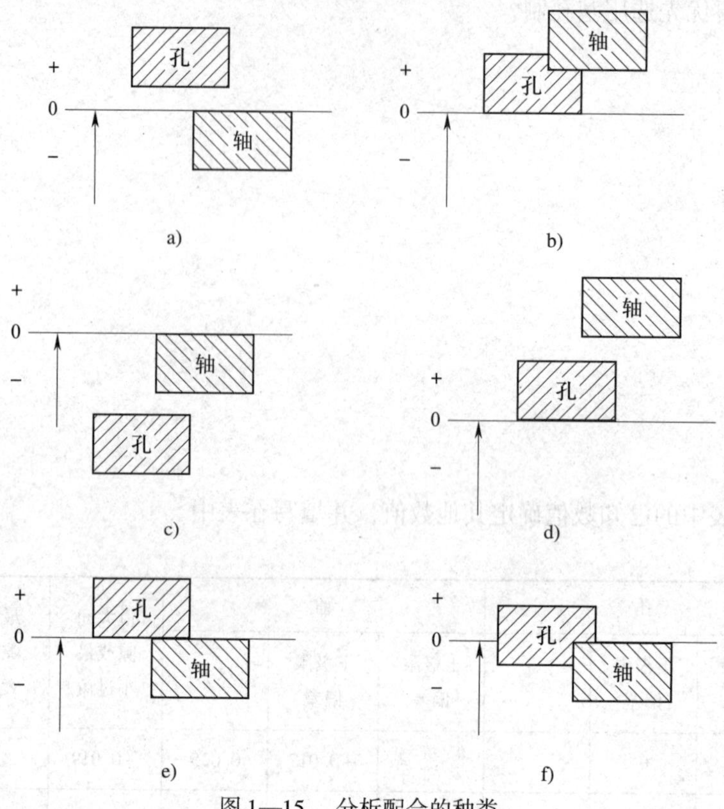

图 1—15　分析配合的种类

六、综合题

1. 识读图 1—16 中的配合代号。

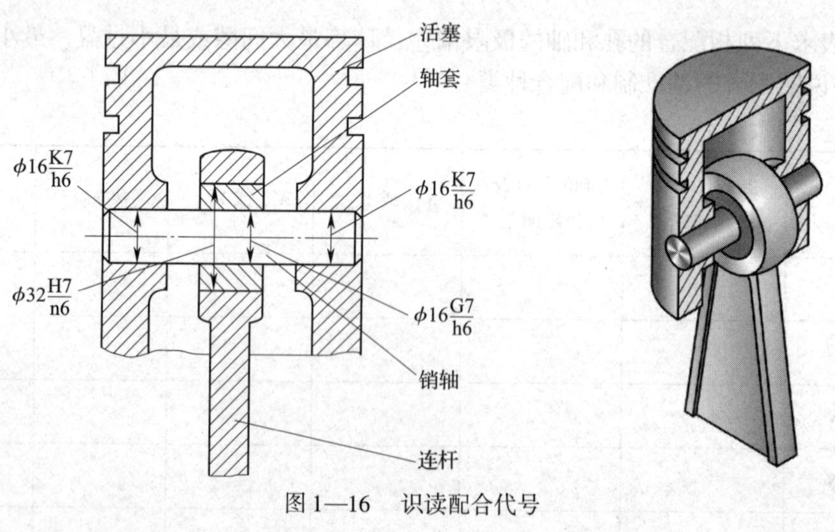

图 1—16　识读配合代号

（1）查表计算 $\phi16\ \dfrac{K7}{h6}$、$\phi16\ \dfrac{G7}{h6}$ 和 $\phi32\ \dfrac{H7}{n6}$ 的极限偏差，计算最大间隙或最小过盈、最小间隙或最大过盈，分析配合制和配合种类。

<table>
<tr><th>配合尺寸</th><th colspan="2">尺寸及极限偏差</th><th>最大间隙或最小过盈</th><th>最小间隙或最大过盈</th><th>配合制</th><th>配合种类</th></tr>
<tr><td rowspan="2">$\phi 16\frac{K7}{h6}$</td><td>孔</td><td></td><td rowspan="2"></td><td rowspan="2"></td><td rowspan="2"></td><td rowspan="2"></td></tr>
<tr><td>轴</td><td></td></tr>
<tr><td rowspan="2">$\phi 16\frac{G7}{h6}$</td><td>孔</td><td></td><td rowspan="2"></td><td rowspan="2"></td><td rowspan="2"></td><td rowspan="2"></td></tr>
<tr><td>轴</td><td></td></tr>
<tr><td rowspan="2">$\phi 32\frac{H7}{n6}$</td><td>孔</td><td></td><td rowspan="2"></td><td rowspan="2"></td><td rowspan="2"></td><td rowspan="2"></td></tr>
<tr><td>轴</td><td></td></tr>
</table>

（2）绘制配合公差带图。

$\phi 16\frac{K7}{h6}$　　　　$\phi 16\frac{G7}{h6}$　　　　$\phi 32\frac{H7}{n6}$

2. 根据图 1—17 中各零件的尺寸公差代号，在图 1—18 所示的装配图样中标注配合代号。

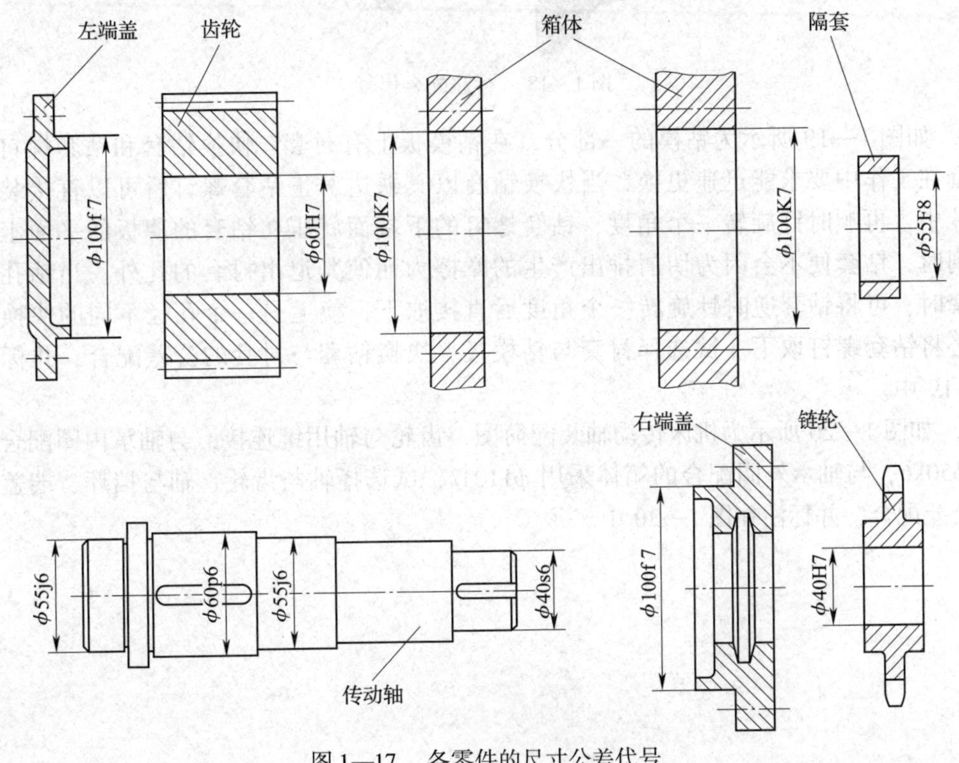

图 1—17　各零件的尺寸公差代号

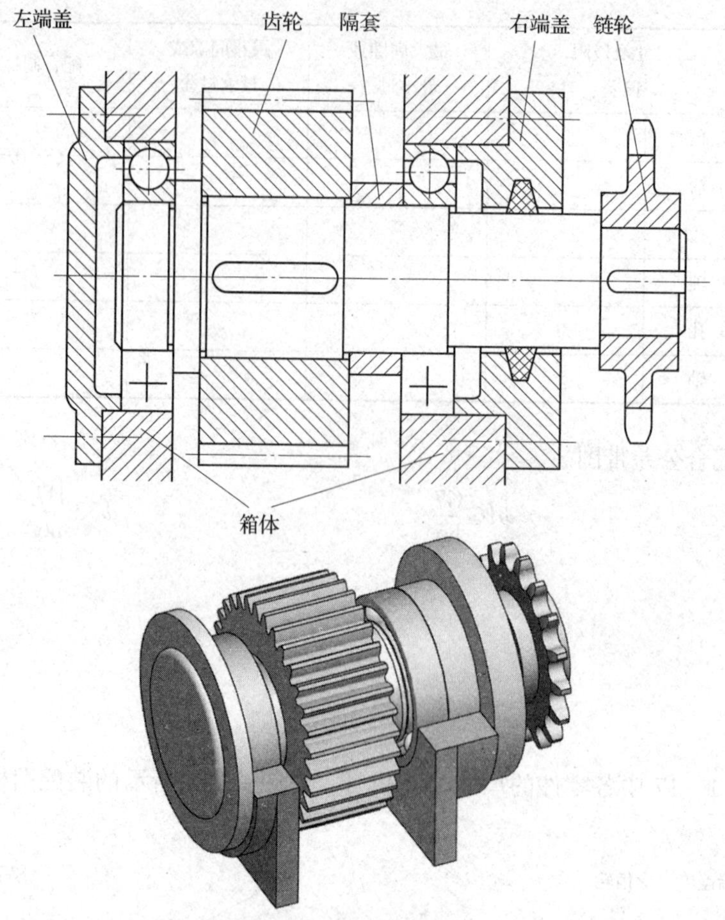

图 1—18　标注配合代号

3. 如图 1—19 所示为钻模的一部分，在钻模板上有衬套、快换钻套和钻套螺钉。快换钻套在工作中要求能迅速更换，当快换钻套以其缺边对正钻套螺钉后可以直接装入衬套的孔中，再顺时针旋转一个角度，钻套螺钉的下端面就压在钻套的薄板的平面上。这样钻削时，钻套便不会因为切屑排出产生的摩擦力而使其退出衬套的孔外。当钻孔后更换钻套时，可将钻套逆时针旋转一个角度后直接取下，换上另一个孔径不同的快换钻套而不必将钻套螺钉取下。试选择衬套与钻模板、快换钻套与衬套的公差配合，并标注在图 1—19 中。

4. 如图 1—20 所示为机床传动轴装配简图，齿轮与轴用键连接，与轴承内圈配合的轴采用 ϕ50k6，与轴承外圈配合的箱体采用 ϕ110J7，试选择轴与齿轮、轴与挡环、端盖与箱体的公差配合，并标注在图 1—20 中。

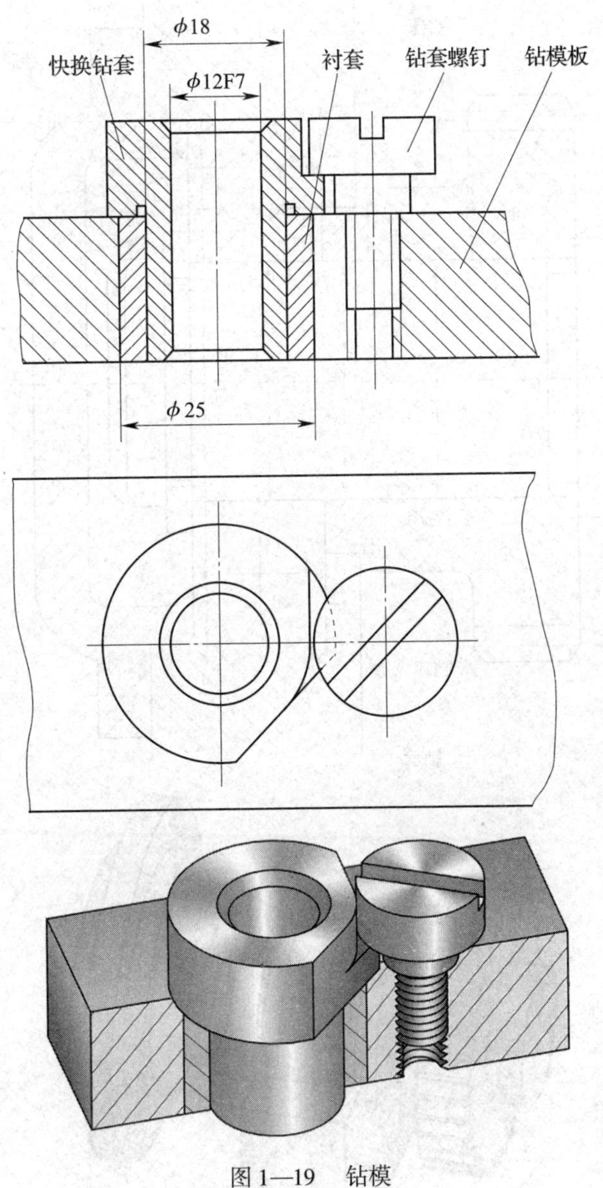

图 1—19　钻模

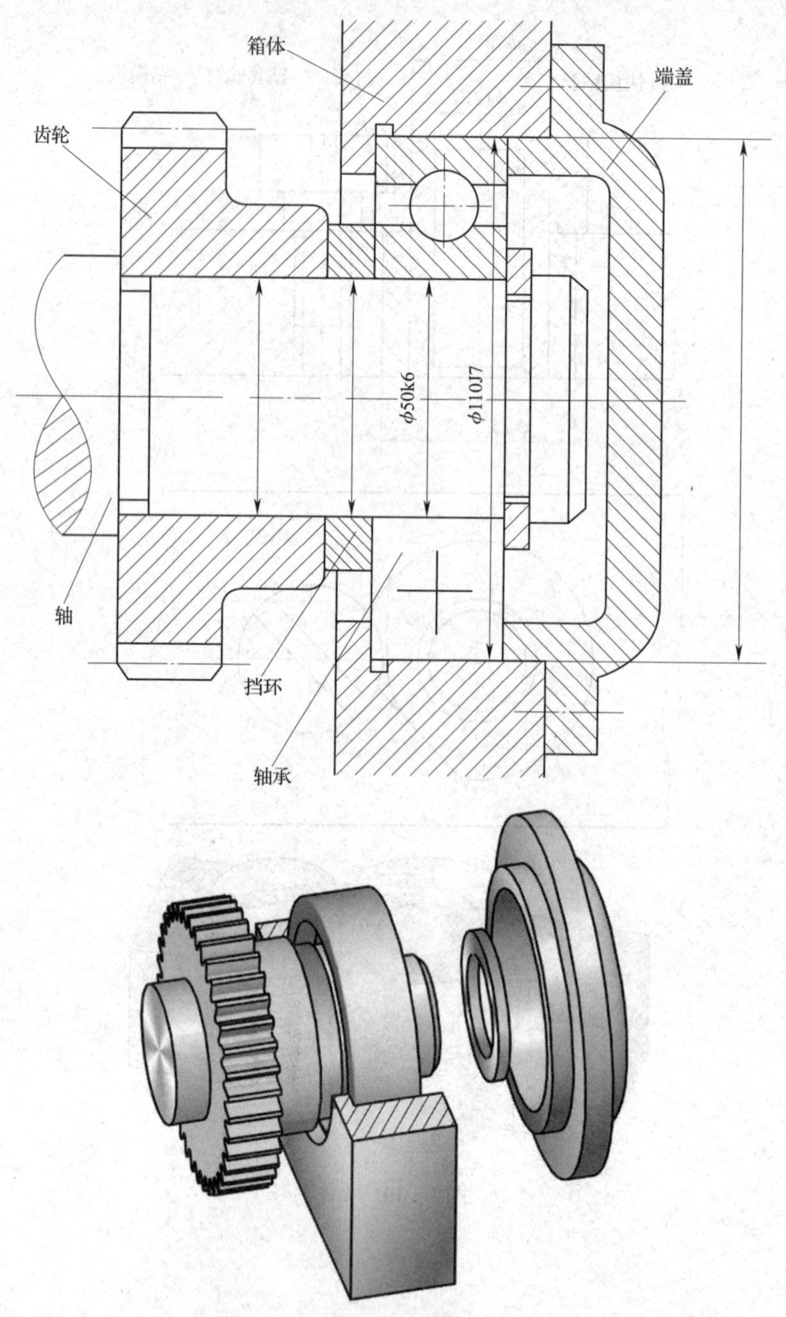

图 1—20　机床传动轴装配简图

课题四　其他尺寸检测方法

一、填空题（将正确答案填写在横线上）

1. 百分表的分度值为____ mm。用百分表测量尺寸时，大指针转一圈，小指针转______。

2. 安装与调整内径百分表时，应将百分表装入测量架内，并预压百分表____mm左右。

3. 内径百分表的活动测头可以沿轴向移动，小尺寸的活动测头有______mm的移动量，大尺寸的活动测头有______mm的移动量。

4. 内径百分表可用________、________________、____________等来校对零位。

5. 量规分为______和______两种。

6. 塞规的通端根据孔的____________确定，用字母____表示；止端根据孔的____________确定，用字母____表示。

7. 卡规是用于________的尺寸检验的光滑极限量规。

8. 读百分表时，眼睛要垂直看向________，否则会出现读数误差。

9. 安装内径百分表时，应该将百分表装入测量架内，预压________mm左右，使小指针在________的位置上，再旋紧锁紧装置。

二、判断题（正确的在括号内打✓，错误的在括号内打×）

1. 内径百分表是一种定值测量仪器。（　　）

2. 在安装与调整内径百分表时，预压百分表的目的是让内径百分表可以在正负范围内测量尺寸。（　　）

3. 读取内径百分表的示值时，表针按顺时针方向偏转未达到“零”点的读数是正值。（　　）

4. 如果在使用内径百分表时发现有问题，操作者需要自行修理，然后才允许继续使用。（　　）

5. 塞规和卡规都有通端和止端。（　　）

6. 单头卡规的通端和止端各在一头。（　　）

7. 卡规的通端根据轴的下极限尺寸设计，止端根据轴的上极限尺寸设计。（　　）

8. 用卡规检验工件时，通端过而止端不过的工件是合格工件。（　　）

9. 塞规的止端不允许全部塞入被测孔。（　　）

10. 用塞规检验工件孔径时，如果止端不能通过工件被检孔，则表明工件孔径太小，零件不合格。（　　）

三、选择题（将正确答案的序号填写在括号内）

1. 更换或调整内径百分表的可换测头的目的是（　　）。

A. 测量不同深度的孔径　　B. 保护可换测头

C. 使内径百分表能在一定范围内测量孔径尺寸

2. 光滑极限量规（　　）。

A. 是一种有刻线的专用量具　　B. 能测量工件的实际尺寸

C. 可以判断工件是否合格　　D. 可以显示工件的极限尺寸

3. 用卡规检验工件时，（　　）。

A. 只能在一个截面上检验　　B. 应在多个不同截面、不同位置上检验

C. 应在一个截面的不同位置检验

4. 可用于校对内径百分表零位的是（　　）。

A. 游标卡尺　　B. 内径千分尺　　C. 合格的工件　　D. 外径千分尺

四、问答题

1．在用内径百分表测量孔径时，如何判断实际偏差是正值还是负值？

2．用光滑极限量规检验工件前需要做哪些准备？

3．用塞规或卡规检验工件时，如何判断工件是否合格？

4．在测量长度尺寸时，什么情况下用游标卡尺？什么情况下用千分尺？什么情况下用内径百分表？

5．结合图 1—21，简述浮标式气动量仪的工作原理。

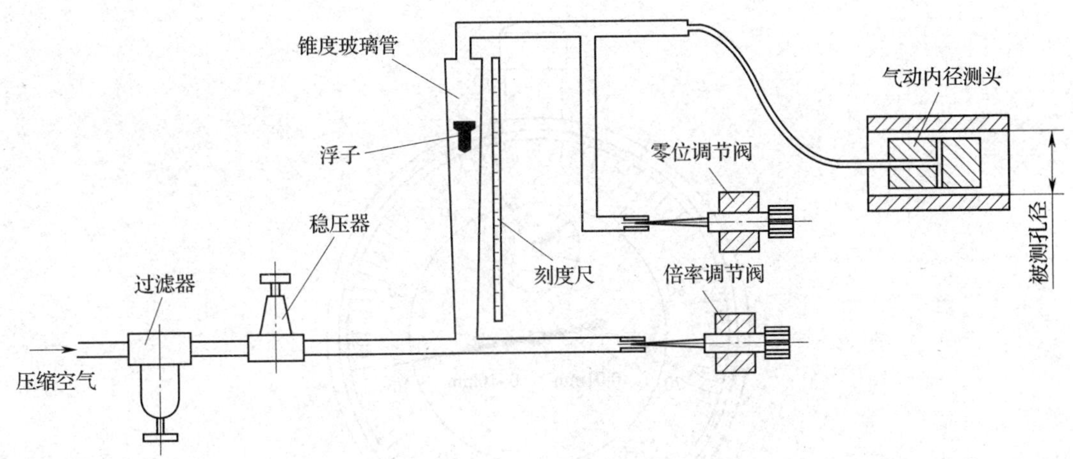

图 1—21　浮标式气动量仪的工作原理

五、综合题

1．如图 1—22 所示，百分表的示值为______ mm。

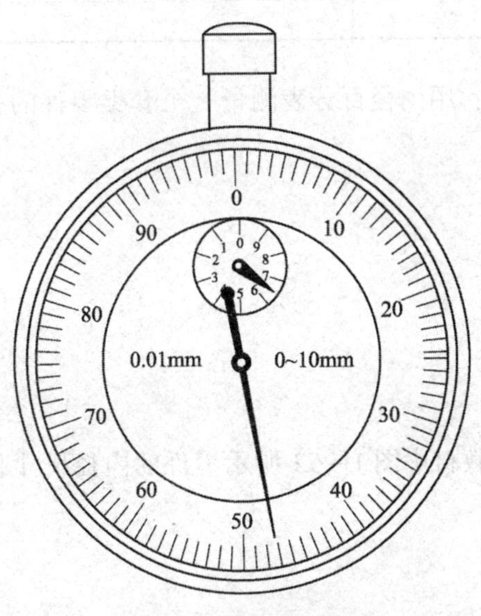

图 1—22　识读百分表的示值一

2．如图 1—23 所示，百分表的示值为______ mm。

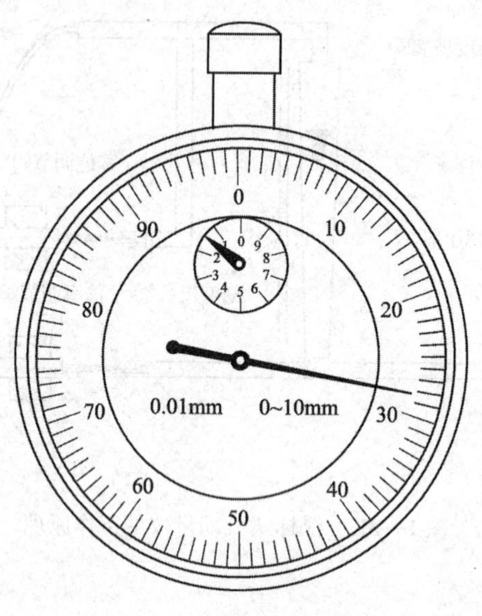

图 1—23　识读百分表的示值二

六、检测题

1．用内径百分表测量教材中图 1—43 所示零件的内径，填入下表，判断零件是否合格。

mm

被测尺寸	百分表示值	测得尺寸 1	测得尺寸 2	是否合格
$\phi32^{+0.050}_{0}$				

2．根据学校实际情况，用内径百分表测量一个套类零件的孔径，根据图样要求判断零件是否合格。

3．用塞规和卡规检验教材中图 1—52 所示零件的内径尺寸和外径尺寸，判断零件是否合格。

4. 用塞规和卡规测量图 1—24 所示轴套的相关尺寸，判断零件是否合格。

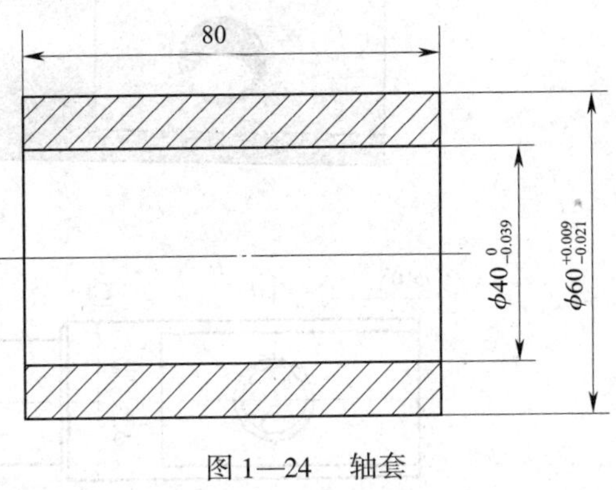

图 1—24　轴套

5. 测量教材中图 1—59 所示小轴的相关尺寸，判断零件是否合格。

mm

被测尺寸（mm）	$\phi16^{\ 0}_{-0.027}$	$\phi18^{\ 0}_{-0.027}$	$6^{\ 0}_{-0.030}$	$\phi8^{+0.036}_{\ 0}$	95 ±0.3	$\phi30$ ±0.2	17 ±0.2
量具							
测得尺寸（mm）							
尺寸是否合格							
被测尺寸（mm）	$26^{+0.084}_{\ 0}$	$13^{\ 0}_{-0.10}$	14 ±0.2	4 ±0.1	2 ±0.1	37 ±0.3	
量具							
测得尺寸（mm）							
尺寸是否合格							

6. 根据图 1—25b 所示的结构和尺寸公差选用合适的量具，测量图 1—25a 所示传动轴的相关尺寸，判断零件是否合格。

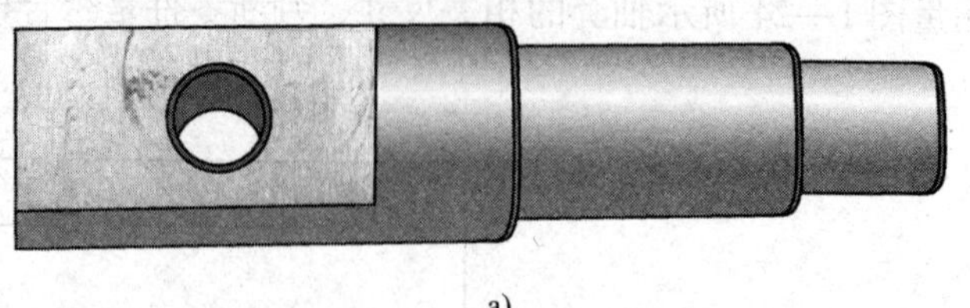

a)

b)

图 1—25　传动轴

mm

序号	被测尺寸	上极限尺寸	下极限尺寸	测量工具	测得尺寸	是否合格
1	22 ± 0.042					
2	$\phi10^{+0.058}_{0}$					
3	$12^{-0.018}_{-0.035}$					
4	$\phi23^{+0.013}_{-0.008}$					
5	$\phi18^{0}_{-0.027}$					
6	100					
7	54					
8	39					
9	30					
10	$\phi14$					
11	$\phi23^{+0.013}_{-0.008}$上的 $C1$					
12	$\phi14$ 上的 $C1$					
13	$\phi10^{+0.058}_{0}$前面的 $C1$					
14	$\phi10^{+0.058}_{0}$后面的 $C1$					

模块二 几何公差与检测

课题一 识读并检测形状公差

一、填空题（将正确答案填写在横线上）

1. 几何公差包括______公差、______公差、______公差和______公差。

2. 形状公差包括________度、________度、________度、________度、________度、________度等。

3. 直线度是用于限制______________或________的形状公差，其符号为____。直线度公差的公差带分为给定______、给定______和任意______三种。

4. 在直线度公差值前加注 ϕ 时，表示公差带的形状为________。

5. 合像水平仪是一种用来测量__________的量仪。

6. 塞尺是指具有标准__________的单片或成组的薄片，又称厚薄规。

7. 平尺按其形状分为______平尺、________平尺和______平尺等。

8. 平面度是指单一实际______所允许的变动全量，其符号为______，平面度公差带的形状为____________内的区域。

9. 形状公差是指单一实际要素的__________所允许的变动全量。

10. 圆度公差的公差带为在给定横截面内，__________等于公差值 t 的两同心圆所限定的区域。

11. 圆柱度的公差带为半径差等于公差值 t 的____________所限定的区域。

二、判断题（正确的在括号内打✓，错误的在括号内打×）

1. 形状公差是指单一理想要素的形状所允许的变动全量。（ ）

2. 被测要素就是测得要素。（ ）

3. 直线度的公差带为任意方向时，其公差带是距离为公差值 t 的两平行平面之间的区域。（ ）

4. 用刀口尺测量工件的直线度时，不允许对刀口尺施加压力。（ ）

5. 直线度公差可以限制平面的误差，因此可以用直线度代替平面度。（ ）

6. 圆度公差是指单一实际圆柱面所允许的变动全量。（ ）

7. 圆度的被测要素可以是圆柱面，也可以是圆锥面。（ ）

8. 三点法用于测量奇数棱圆柱的圆度误差，两点法用于测量偶数棱圆柱面的圆度误差。（ ）

9. 在任何情况下，都可以用圆柱度公差代替圆度公差。（ ）

10. 圆柱度的被测要素可以是圆柱面，也可以是圆锥面。（ ）

11. 平面度的公差带可以为直径等于公差值 t 的圆柱面所限定的区域。（ ）

12. 圆柱度的公差带与圆度的公差带是一样的。（ ）

13. 两点法只能用来测量圆柱度误差，不能用来测量圆度误差。 （ ）

三、选择题（将正确答案的序号填写在括号内）

1. 下列几何公差项目中属于形状公差的是（ ）。

A. 圆柱度 B. 平行度 C. 同轴度 D. 圆跳动

2. 下列几何公差项目中属于位置公差的是（ ）。

A. 线轮廓度 B. 圆跳动 C. 全跳动 D. 直线度

3. 下列几何公差项目中不属于方向公差的是（ ）。

A. 平行度 B. 平面度 C. 垂直度 D. 倾斜度

4. 下列几何公差项目符号中书写错误的是（ ）。

A. 圆度○ B. 圆柱度⌭ C. 圆跳动◎ D. 位置度⌖

5. 零件加工后实际存在的要素称为（ ）。

A. 理想要素 B. 测得要素 C. 实际要素 D. 几何要素

6. 关于被测要素，下列说法错误的是（ ）。

A. 图样上给出了几何公差的要素称为被测要素

B. 被测要素可以是对称面或轴线

C. 被测要素可以是理想要素

D. 被测要素只能是实际要素

7. 量块使用完毕，应该（ ）。

A. 用水清洗，擦干后存于干燥处

B. 用水清洗，擦干后涂上防锈脂存于干燥处

C. 在航空汽油中浸泡保存

D. 用航空汽油清洗，擦干后涂上防锈脂存于干燥处

8. 当刀口尺与工件间的光隙较小时，如果间隙的颜色为蓝色，则表示（ ）。

A. 间隙大于2.5 μm B. 间隙为1～2 μm

C. 间隙为1 μm D. 间隙小于0.5 μm

9. 检测磨削或研磨加工的小平面的直线度时，应采用（ ）。

A. 合像水平仪 B. 间隙法 C. 刀口尺

10. 可用（ ）限制圆柱面轴向截面轮廓的形状误差。

A. 圆柱素线的直线度 B. 圆柱轴线的直线度

C. 圆度 D. 圆柱度

11. 可用（ ）限制圆锥面径向截面轮廓的形状误差。

A. 平面度 B. 圆度 C. 直线度 D. 圆柱度

12. 圆柱度的公差带为（ ）。

A. 半径差等于公差值的两同心圆所限定的区域

B. 半径差等于公差值的两同轴圆柱面所限定的区域

C. 直径等于公差值的圆柱面所限定的区域

D. 距离等于公差值的两平行平面所限定的区域

13. 当直线度的公差带为直径等于公差值 t 的圆柱面所限定的区域，表示该公差带用于限制（ ）的直线形状误差。

A．给定平面内　　B．给定方向上　　C．任意方向

四、问答题

1．什么是要素？什么是理想要素？什么是实际要素？

2．什么是几何公差？

3．什么是被测要素？

4．简述用合像水平仪测量直线度的方法。

5．什么是量块？如何使两块量块研合在一起？使用量块时应注意哪些问题？

6．什么是塞尺和平尺？各有什么用途？

7. 使用刀口尺时应注意哪些问题?

五、综合题

1. 用 91 块一套的量块组组合尺寸 60. 159 mm。

2. 用 87 块一套的量块组组合尺寸 37. 275 mm。

3. 识读千分表的示值。

(1) 如图 2—1 所示，千分表的示值为______ mm。

(2) 如图 2—2 所示，千分表的示值为______ mm。

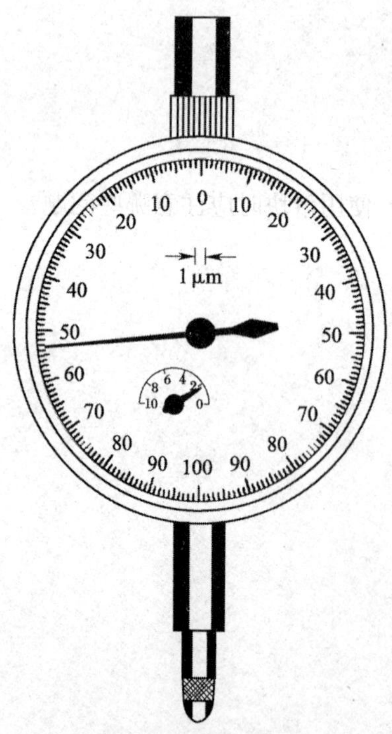

图 2—1 识读千分表的示值一

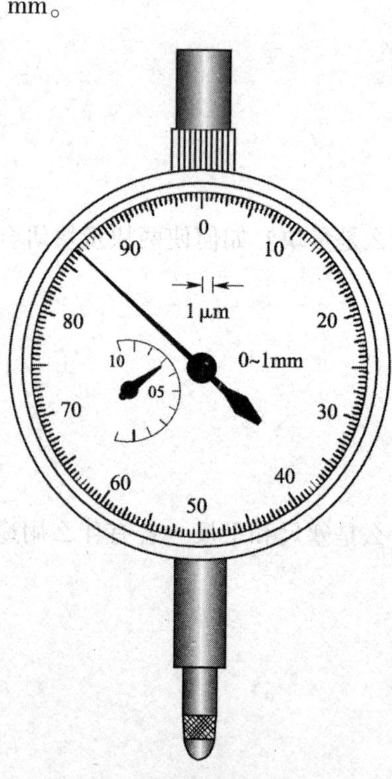

图 2—2 识读千分表的示值二

4. 结合图 2—3 说明用三点法测量圆度的步骤。

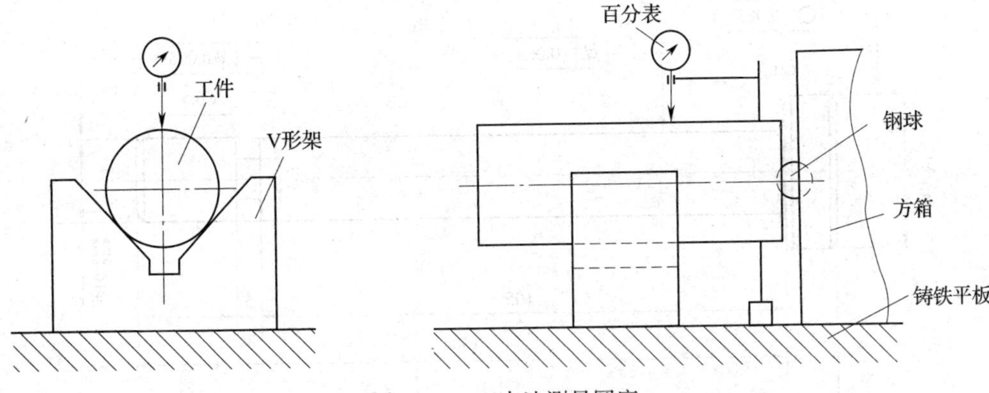

图 2—3　三点法测量圆度

5. 识读形状公差。

(1) 图 2—4 中的几何公差框格 | — | ϕ0.05 | 的含义：被测 ϕ ______ mm 圆柱面的实际______应限定在直径等于______mm 的圆柱面内。

(2) 图 2—5 中的几何公差框格 | ▱ | 0.04 | 的含义：__________应限定在间距等于______mm 的两__________之间。

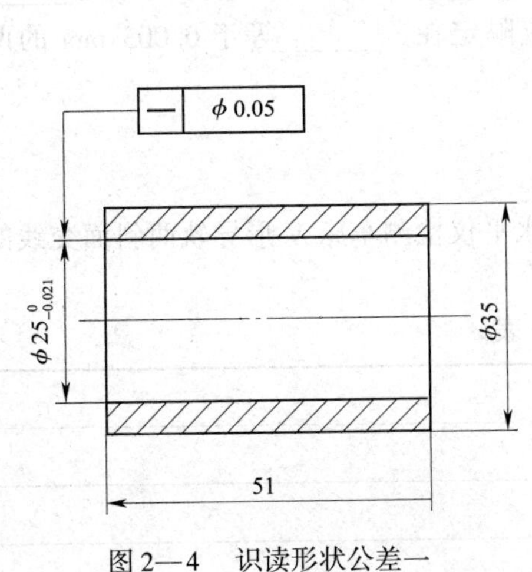

图 2—4　识读形状公差一

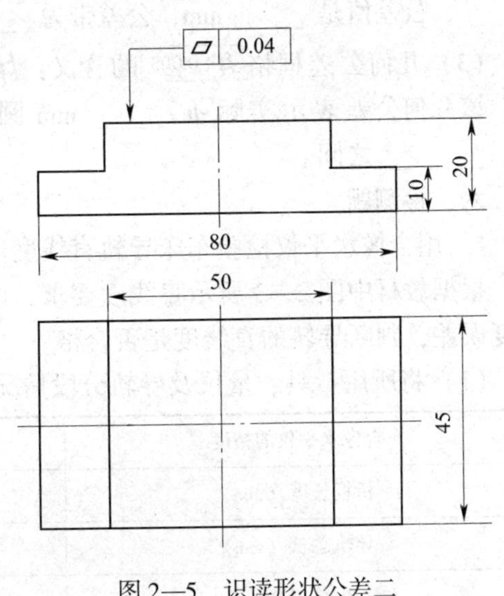

图 2—5　识读形状公差二

6. 识读图 2—6 所示阀芯图样中的形状公差。

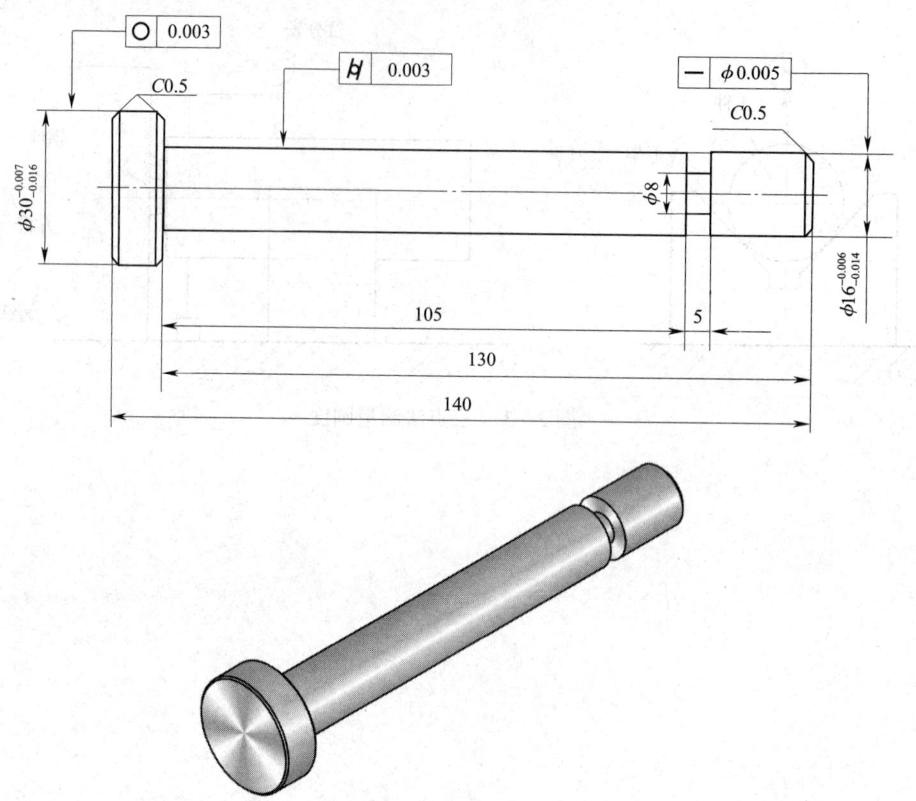

图 2—6　阀芯

(1) 几何公差框格[— φ0.005]的含义：被测 φ______圆柱面的______必须位于______等于______mm 的______内。

(2) 几何公差框格[○ 0.003]的含义：被测要素是__________，几何公差项目是______，公差值是______mm，公差带为________等于公差值的两__________所限定的区域。

(3) 几何公差框格[⌭ 0.003]的含义：⌭表示________，框格中的“0.003”是________值，该几何公差表示实际 φ ______ mm 圆柱面应限定在________等于 0.003 mm 的两个__________之间。

六、检测题

1. 用合像水平仪检验车床导轨直线度。

根据教材中图 2—3 所示直线度要求，用合像水平仪检测车床 V 形导轨两斜面交线的直线度误差，判断导轨的直线度是否合格。

(1) 将所用量具、量仪及导轨分段情况填入下表。

合像水平仪的精度	
桥板长度（mm）	
导轨总长（mm）	
分段数	

（2）采集数据，填入下表。

分段序号	1	2	3	4	5
水平仪读数（格）					
分段序号	6	7	8	9	10
水平仪读数（格）					

（3）在图 2—7 中绘制导轨直线度曲线。

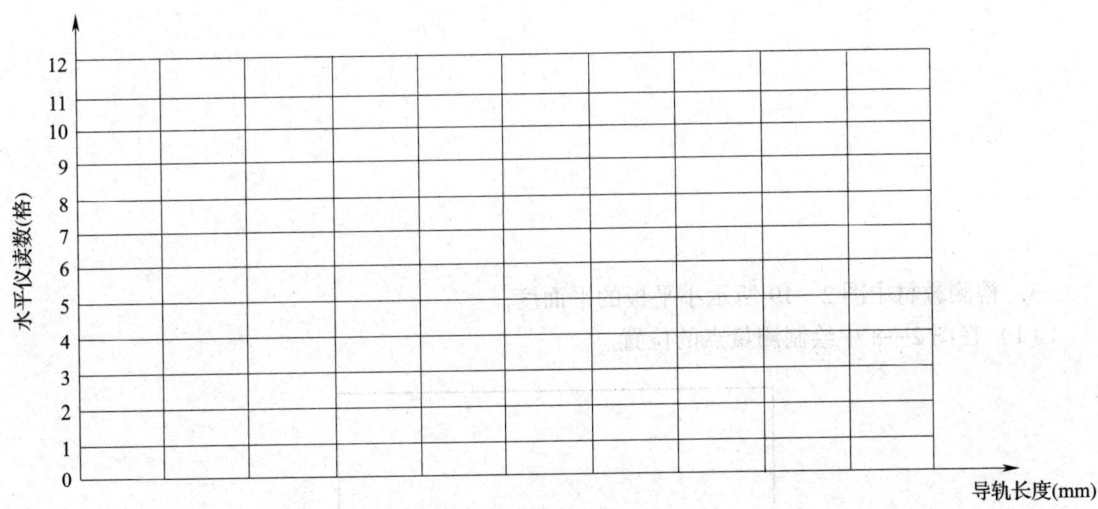

图 2—7　导轨直线度曲线

（4）计算最大误差格数。

（5）计算直线度误差。

（6）根据曲线形状及误差值判断其是否合格。

2．用间隙法检测教材中图 2—10 所示零件的直线度。

（1）采集数据，填入下表。

mm

测量次数	1	2	3	4	5	6	7
测量值							

（2）计算直线度误差，判断零件是否合格。

3．检测教材中图 2—19 所示小平板的平面度。

（1）在图 2—8 中绘制测量点的位置。

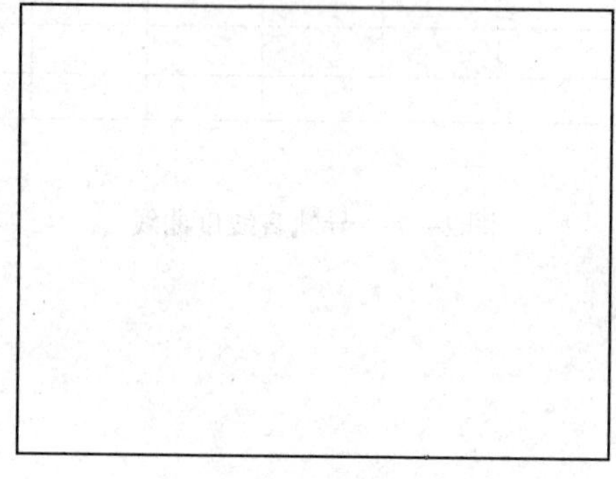

图 2—8　绘制测量点的位置

（2）采集数据，填入下表。

mm

测量点序号	1	2	3	4	5	6
千分表示值						
测量点序号	7	8	9	10	11	12
千分表示值						
测量点序号	13	14	15	16	17	18
千分表示值						
测量点序号	19	20	21	22	23	24
千分表示值						

(3) 计算平面度误差，判断零件是否合格。

4. 用三点法检测教材中图2—25所示薄壁套的圆度误差。

(1) 采集数据，填入下表。

mm

测量次数	1	2	3	4	5	6
最大读数值f_{max}						
最小读数值f_{min}						
差值Δ						

(2) 计算差值Δ，填入上表。

(3) 计算圆度误差，判断零件是否合格。

5. 用百分表和方箱检测教材中图2—33所示细长轴的圆柱度误差。

(1) 采集数据，填入下表。

mm

测量次数	1	2	3	4	5	6	7	8
测量最大值								
最大示值								
测量最小值								
最小示值								
差值Δ								

(2) 计算差值Δ，填入上表。

(3) 计算圆柱度误差，判断零件是否合格。

课题二 识读并检测方向公差

一、填空题（将正确答案填写在横线上）

1. 平行度限制________要素相对________要素在________方向上的变动全量。

2. 平行度公差分为________对________平行度公差、________对________平行度公差、________对________平行度公差和________对________平行度公差4种形式。

3. 垂直度限制________要素相对________要素在________方向上的变动全量。

4. 垂直度公差分为________对________垂直度公差、________对________垂直度公差、________对________垂直度公差和________对________垂直度公差4种形式。

5. 倾斜度是指________要素对________要素倾斜某一给定角度（0°和90°除外）的方向上所允许的变动全量。

6. 面对面平行度公差的公差带为间距等于公差值 t 且平行于基准平面的________所限定的区域。

7. 线对线垂直度公差的公差带为间距等于公差值 t 且垂直于基准轴线的________所限定的区域。

二、判断题（正确的在括号内打√，错误的在括号内打×）

1. 面对面、线对面和面对线的平行度公差带形状相同，均为两平行平面。（　）
2. 任意方向上线对线的平行度公差带是直径为公差值 t 的圆柱面内的区域。（　）
3. 线对面平行度公差用于限制被测平面对基准轴线的平行度误差。（　）
4. 垂直度是用来控制被测要素相对于基准要素的方向偏离90°的程度。（　）
5. 面对面的垂直度公差带是距离为公差值 t，且垂直于基准平面的两平行直线之间的区域。（　）
6. 倾斜度的公差带都是两平行平面。（　）
7. 面对面的倾斜度公差带是距离为公差值 t，且与基准平面成一理论正确角度的两平行平面之间的区域。（　）
8. 正弦规是一种能直接度量零件角度及锥度的精密量具。（　）
9. 线对面和面对线的平行度公差的公差带都是两平行平面所限定的区域。（　）

三、选择题（将正确答案的序号填写在括号内）

1. 关于基准要素，下列说法错误的是（　）。

A. 确定被测要素的方向或位置的要素为基准要素

B. 基准要素只能是中心要素

C. 基准要素可以是单个要素也可以由多个要素组成

2. 图 2—9 所示为（　　）的平行度公差。

A. 线对线　　B. 线对面

C. 面对线　　D. 面对面

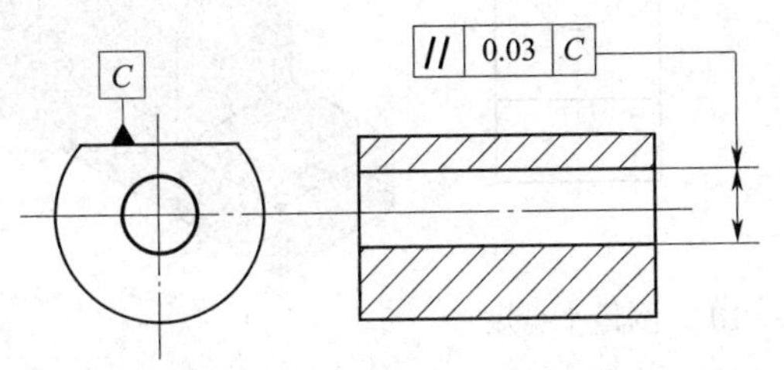

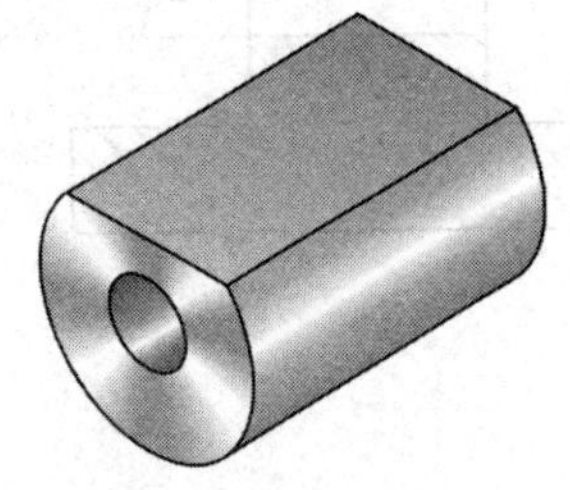

图 2—9　平行度

3. 平行度公差中，公差带可能为圆柱面所限定的区域的是（　　）。

A. 面对面的平行度公差　　B. 线对面的平行度公差

C. 面对线的平行度公差　　D. 线对线的平行度公差

4. 垂直度公差带为间距等于公差值 t、垂直于基准平面的两平行平面所限定的区域时，表示（　　）的垂直度公差。

A. 线对线　　B. 线对面　　C. 面对线　　D. 面对面

5. 在倾斜度公差中，确定公差带方向的因素是（　　）。

A. 被测要素的形状　　B. 基准要素的形状

C. 基准要素和理论正确角度　　D. 被测要素和理论正确尺寸

6. 方向公差的公差带相对基准具有确定的（　　）。

A. 形状　　B. 大小　　C. 方向　　D. 位置

7. 倾斜度公差的公差带为（　　）所限定的区域。

A. 间距等于公差值 t 的两平行平面

B. 直径等于公差值 ϕt 的圆柱面

C. 半径差等于公差值 t 的两圆柱面

四、问答题

1. 什么是基准要素？

2. 简述用百分表测量导轨平行度的步骤。

3．简述测量图 2—10 所示零件平行度的原理和方法。

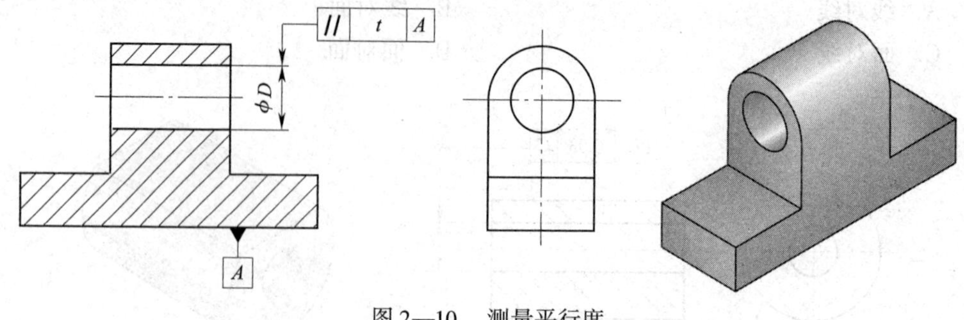

图 2—10　测量平行度

4．什么是理论正确尺寸？

五、综合题

1．识读图 2—11 中的平行度公差。

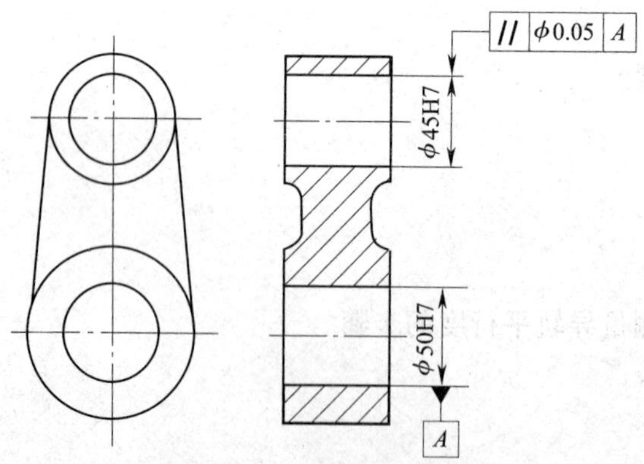

图 2—11　识读平行度公差

图中平行度公差框格的含义：被测要素为________________，基准要素为________________，公差带为平行于________的轴线，且直径等于________的圆柱面所限定的区域。

2．识读图 2—12 中的垂直度公差。

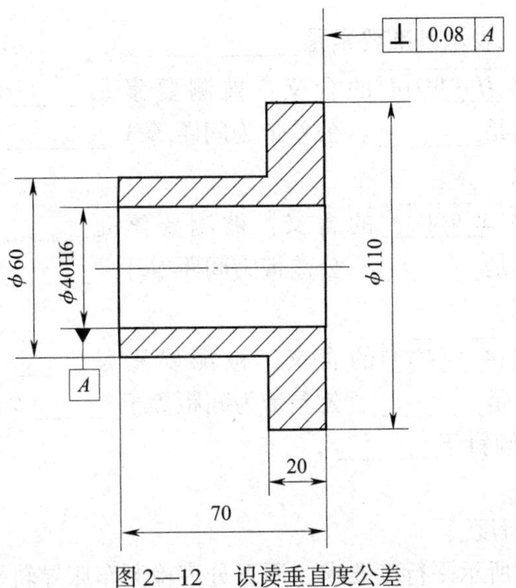

图 2—12　识读垂直度公差

图中垂直度公差框格的含义：________________的实际表面应限定在间距等于________ mm 的两平行平面之间，两平行平面________于________的轴线。

3．识读图 2—13 所示定位套的方向公差。

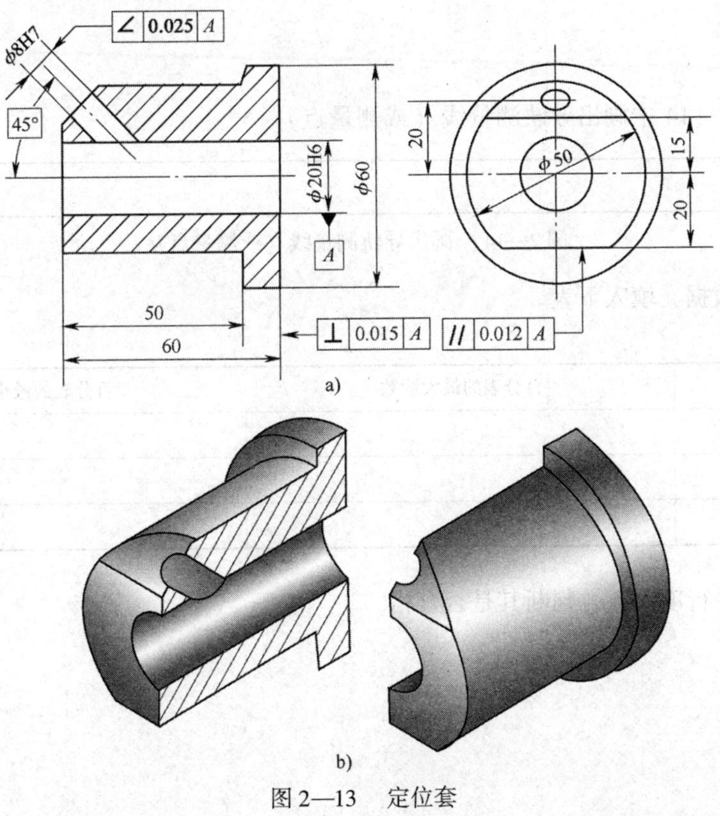

图 2—13　定位套

（1）图中标注的几何公差有________度公差、________度公差和________度公差。

（2）基准符号“$\overset{\boxed{A}}{\blacktriangle}$”表示基准要素是____________。

（3）方向公差框格 | // | 0.012 | A | 的含义：被测要素是______________，基准要素是____________，公差项目是________，公差带为间距等于________ mm，且平行于基准轴线的________所限定的区域。

（4）方向公差框格 | ⊥ | 0.015 | A | 的含义：被测要素是______________，基准要素是____________，公差项目是________，公差带为间距等于________ mm，且垂直于基准轴线的________所限定的区域。

（5）方向公差框格 | ∠ | 0.025 | A | 的含义：被测要素是______________，基准要素是____________，公差项目是________，公差带为间距等于________ mm 的________所限定的区域，该________按45°倾斜于________。

六、检测题

1．检测车床导轨平行度。

根据教材中图 2—36 所示平行度要求，用百分表检测车床导轨平行度误差，判断其是否合格。

（1）简述所用量具、量仪及工具。

（2）在图 2—14 中画出导轨测量线（或测量点）。

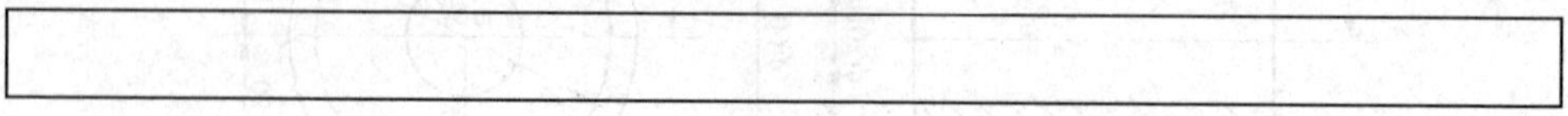

图 2—14　画出导轨测量线（或测量点）

（3）采集数据，填入下表。

mm

测量线序号	百分表的最大读数	百分表的最小读数
1		
2		
3		

（4）计算平行度误差，判断其是否合格。

2. 测量定位块的垂直度误差。

根据教材中图 2—44 所示定位块的垂直度要求，用百分表和方箱等测量定位块的垂直度误差，并判断定位块的侧面对底面的垂直度是否合格。

(1) 简述所用量具、量仪与工具。

(2) 在图 2—15 中绘制测量点的位置。

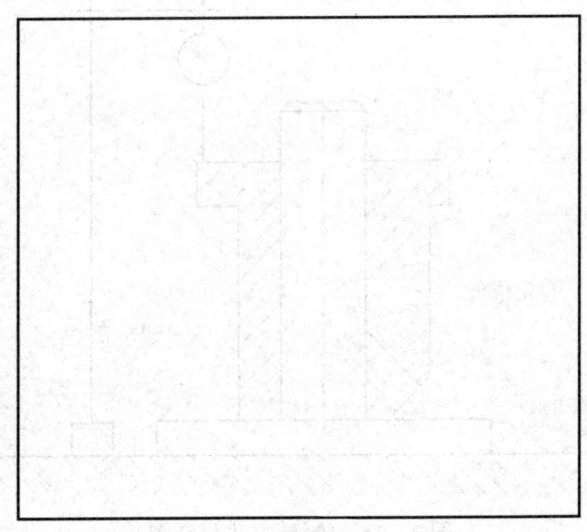

图 2—15　绘制测量点的位置

(3) 采集数据，填入下表。

mm

测量点序号	1	2	3	4	5
百分表示值					
测量点序号	6	7	8	9	10
百分表示值					
测量点序号	11	12	13	14	15
百分表示值					
测量点序号	16	17	18	19	20
百分表示值					
测量点序号	21	22	23	24	25
百分表示值					

（4）计算垂直度误差，判断其合格性。

3. 测量零件垂直度误差。

按照图 2—16 所示方法，测量图 2—13 所示定位套的垂直度误差，并判断零件是否合格。

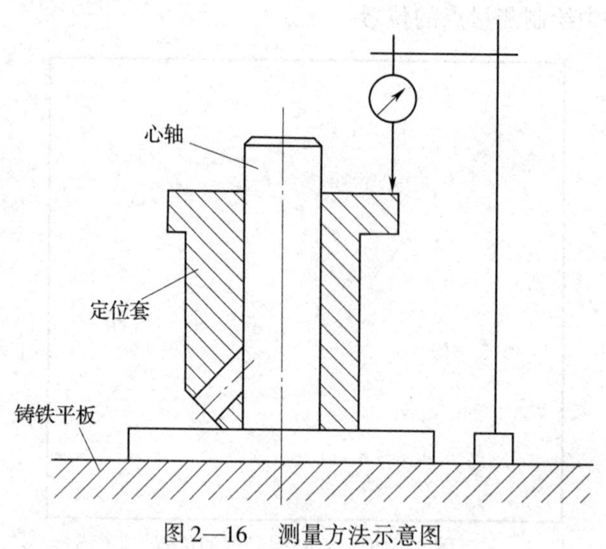

图 2—16　测量方法示意图

（1）简述所用量具、量仪及工具。

（2）采集数据，填入下表。

mm

序号	表的最大读数	表的最小读数
1		
2		
3		

注：尽可能测量最大外圆处，并测量 2 ~ 3 次，计算时取最大值。

（3）计算垂直度误差。

（4）根据图 2—13 所标注的垂直度要求判断零件是否合格。

4．测量楔铁的倾斜度误差。

根据教材中图 2—51 所示楔铁的倾斜度要求，用正弦规、量块和千分表等测量楔铁的倾斜度误差，并判断楔铁的侧面对底面的倾斜度是否合格。

（1）简述所用量具、量仪与工具。

（2）在图 2—17 中绘制测量点的位置。

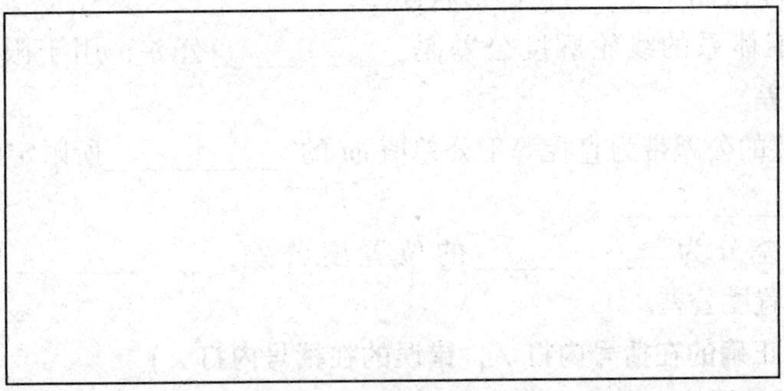

图 2—17　绘制测量点的位置

（3）采集数据，填入下表。

mm

测量点序号	1	2	3	4	5	6	7
百分表示值							
测量点序号	8	9	10	11	12	13	14
百分表示值							
测量点序号	15	16	17	18	19	20	21
百分表示值							
测量点序号	22	23	24	25	26	27	28
百分表示值							

（4）计算倾斜度误差，判断其是否合格。

课题三　识读并检测位置公差

一、填空题（将正确答案填写在横线上）

1．同轴度公差是限制被测轴线相对基准轴线__________的一项指标。

2．对称度是限制__________偏离__________的一项指标。

3．位置度公差是指被测要素所在的______位置对由__________和______________所确定的理想位置所允许的变动全量。

4．轮廓度公差分为__________和__________两种，轮廓度公差的被测要素是______或______。

5．无基准线轮廓度是______公差，用于限制__________的形状误差。无基准面轮廓度是______公差，用于限制__________的形状误差。

6．相对于基准体系的线轮廓度公差是____________公差，用于限制曲线的______、______和______误差。

7．同轴度公差的公差带为直径等于公差值 ϕt 的____________所限定的区域，该圆柱面的轴线与基准轴线____________。

8．位置度公差分为____________的位置度公差、____________的位置度公差和____________的位置度公差。

二、判断题（正确的在括号内打✓，错误的在括号内打×）

1．同轴度的被测要素和基准要素必须是轴线。（　　）

2．圆柱度和同轴度都可以用于控制圆柱的误差，故二者可以互相代替。（　　）

3．对称度公差的被测要素可以是轮廓表面，也可以是中心平面。（　）

4．线轮廓度无基准要求，面轮廓度有基准要求。（　）

5．无基准要求的轮廓度为形状公差，相对基准体系的轮廓度为方向或位置公差。（　）

6．在位置公差中，基准只有一个。（　）

7．没有标注基准的线轮廓度或面轮廓度为形状公差。（　）

8．形状公差的公差带位置是浮动的，而位置公差的公差带位置是固定的。（　）

9．对称度的公差带为间距等于公差值 t 的两平行平面所限定的区域。（　）

三、选择题（将正确答案的序号填写在括号内）

1．同轴度用于限制（　）的同轴度误差。

A．被测圆柱面对基准圆柱面

B．被测要素的轴线对基准圆柱面

C．被测要素的轴线对基准要素的轴线

D．被测圆柱面对基准端面

2．对称度公差是指被测要素的（　）对基准要素的允许变动全量，是限制被测要素偏离基准要素的一项指标。

A．位置　　B．方向　　C．大小

3．用于限制被测要素的中心平面对基准轴线的对称度的公差带为（　）。

A．直径等于公差值，与基准轴线同轴的圆柱面

B．间距等于公差值，垂直于基准轴线的两平行平面

C．间距等于公差值，对称于中心平面的两平行平面

D．间距等于公差值，对称于基准轴线的两平行平面

4．不能用于限制被测轴线的实际位置对理想位置的变动的几何公差是（　）。

A．圆柱度　　B．同轴度　　C．垂直度　　D．位置度

5．相对于基准体系的面轮廓度公差，用于限制曲面的（　）误差。

A．形状　　B．方向　　C．位置　　D．形状、方向和位置

6．用于限制曲线的形状、方向和位置误差的是（　）公差。

A．无基准线轮廓度　　B．有基准线轮廓度

C．无基准面轮廓度　　D．有基准面轮廓度

7．线的位置度公差带为（　）所限定的区域。

A．直径等于公差值 $S\phi t$ 的球面

B．直径等于公差值 ϕt 的圆柱面

C．直径差等于公差值 t 的两圆柱面之间的区域

D．间距等于公差值 t，且对称于被测面理论正确位置的两平行平面

四、问答题

1．什么是位置公差？

2．什么是同轴度公差？其被测要素和基准要素是什么？

3．什么是对称度公差？其被测要素和基准要素是什么？

4．什么是位置度公差？位置度分为哪几种？

5．轮廓度公差分为哪几种？

五、综合题

1．识读图 2—18 中的同轴度和对称度公差。

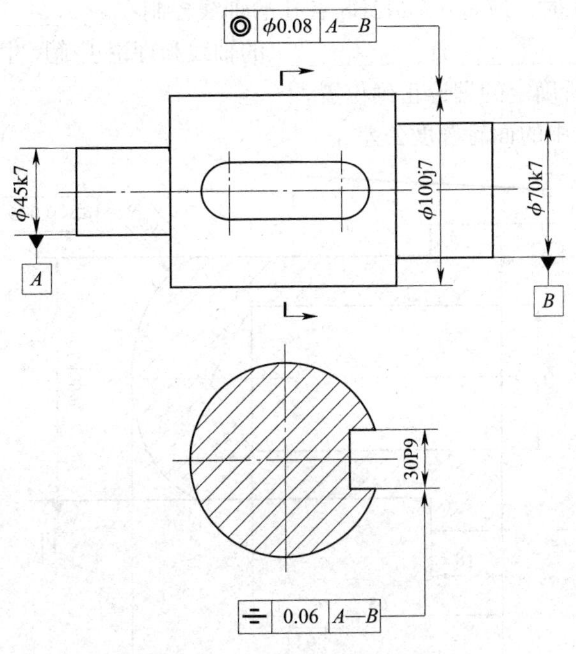

图 2—18　识读同轴度和对称度公差

（1）图 2—18 中，位置公差框格 ◎ ϕ0.08 A—B 的含义：ϕ100j7 圆柱面的＿＿＿＿＿＿＿＿应限定在直径等于＿＿＿＿＿mm，以＿＿＿＿＿＿＿＿＿＿＿＿＿＿＿为轴线的圆柱面内。

（2）图 2—18 中，位置公差框格 ⌯ 0.06 A—B 的含义：＿＿＿＿＿＿＿＿＿＿＿＿应限定在间距等于＿＿＿＿＿mm，对称于＿＿＿＿＿＿＿＿＿＿＿＿＿＿＿的两平行平面之间。

2．识读图 2—19 中的位置度公差。

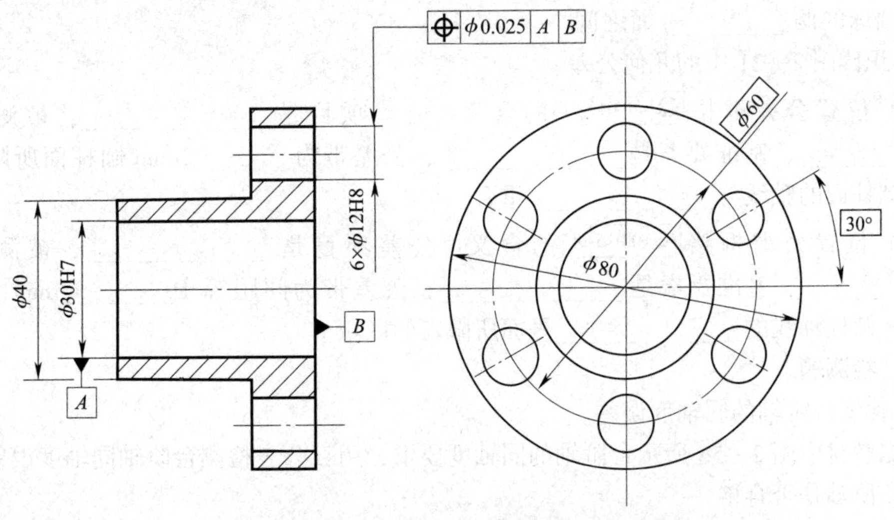

图 2—19　识读位置度公差

位置公差框格 ⌖ | ϕ0.025 | A | B 的含义：公差项目是__________，被测要素是__________，基准要素是____________________和______________，公差值为________mm。也就是说，零件在加工时，应将6×ϕ12H8各孔的轴线控制在________mm的圆柱面内，该圆柱面的轴线应处于由__________面、__________的轴线和理论正确尺寸__________mm、理论正确角度__________所确定的理论正确位置。

3．识读图2—20中的面轮廓度公差。

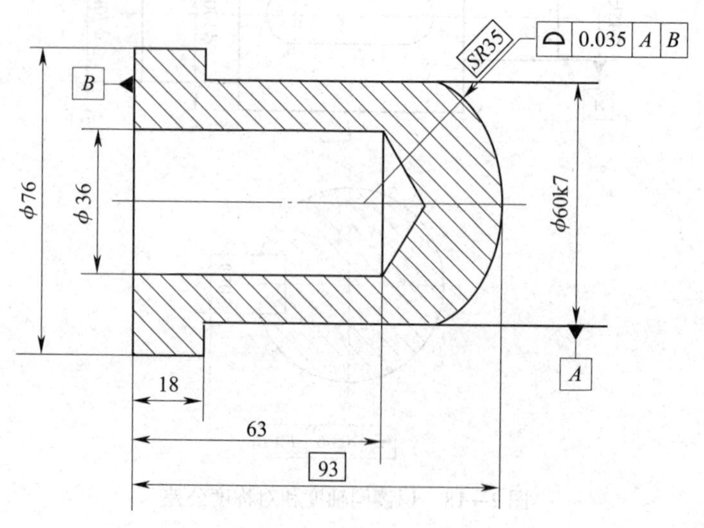

图2—20　识读面轮廓度公差

位置公差框格 ⌓ | 0.035 | A | B 的含义：公差项目是______________，被测要素是______________，基准要素是__________和__________，公差值为________mm。也就是说，零件在加工时，应将*SR*35 mm的球面轮廓控制在直径等于________mm、球心位于由理论正确尺寸________mm和________mm确定的*SR*35 mm球面的理论正确几何形状上的一系列圆球的两__________面之间。

4．识读图2—21中的几何公差。

（1）位置公差框格 ◎ | ϕ0.015 | A 的含义：公差项目是______________，被测要素是______________，基准要素是______________，公差带为________mm圆柱面所限定的区域，该圆柱面的轴线与______________重合。

（2）位置公差框格 ⌯ | 0.015 | A 的含义：公差项目是______________，被测要素是______________，基准要素是______________，公差带为间距等于________mm、对称于________圆柱轴线的______________平面所限定的区域。

六、检测题

1．检测台阶轴的同轴度误差。

根据教材中图2—56所示台阶轴的同轴度要求，用百分表检测台阶轴同轴度误差，并判断被测台阶轴是否合格。

（1）简述所用量具、量仪与工具。

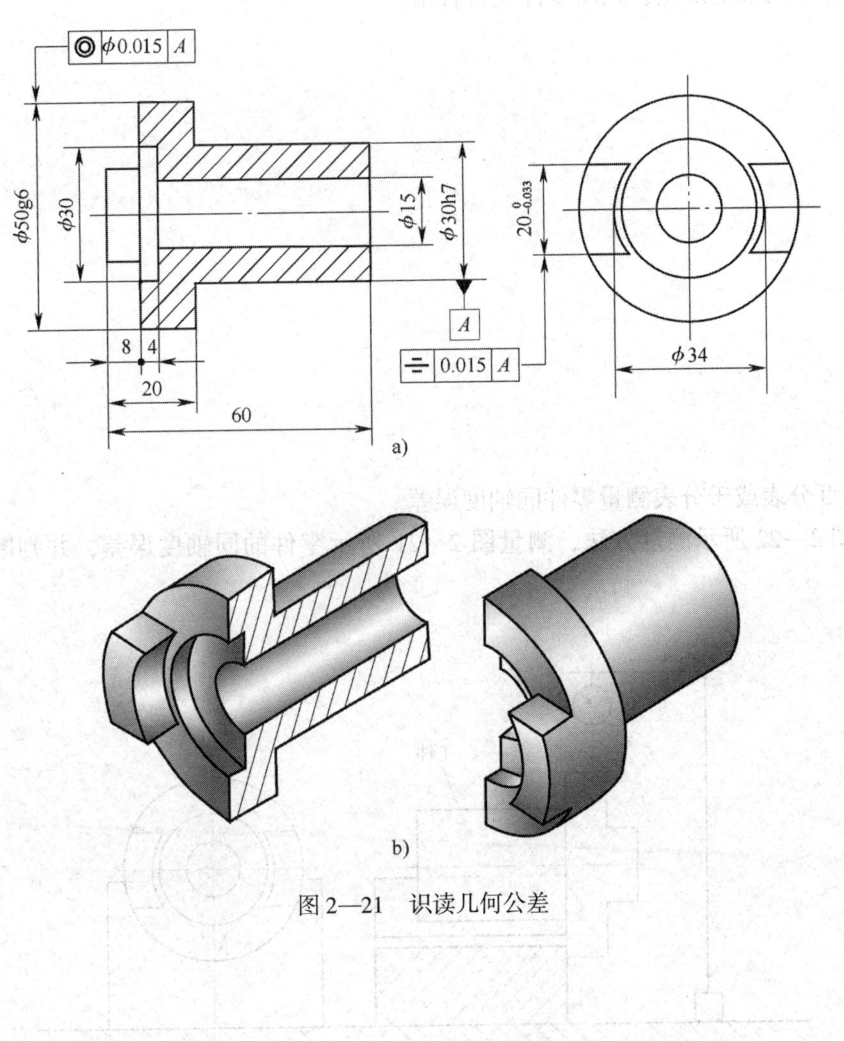

图 2—21　识读几何公差

（2）采集数据，填入下表。

mm

截面序号	1	2	3	4	5
$\vert M_A - M_B \vert$					

（3）计算同轴度误差，判断零件是否合格。

2. 用百分表或千分表测量零件同轴度误差。

按照图 2—22 所示测量方法，测量图 2—21 所示零件的同轴度误差，并判断其是否合格。

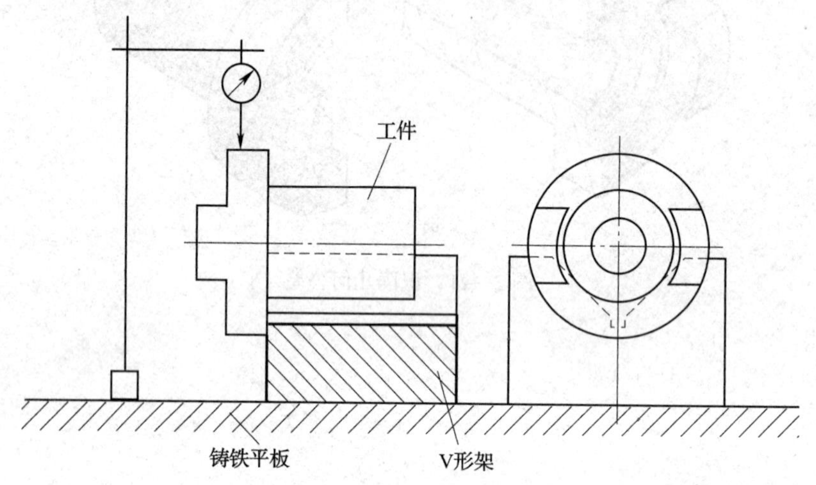

图 2—22　同轴度测量方法示意图

（1）简述所用量具、量仪与工具。

（2）采集数据，填入下表。

mm

序号	圆柱 $\phi50g6$	
	最大读数	最小读数
1		
2		
3		

（3）计算同轴度误差，判断零件是否合格。

3．检测中间轴上键槽的对称度误差。

根据教材中图 2—61 所示中间轴上键槽的对称度要求，用百分表测量中间轴上键槽的对称度误差，并判断被测键槽是否合格。

（1）简述所用量具、量仪与工具。

（2）采集数据，填入下表。

mm

M_1	M_2	M_1'	M_2'

（3）计算偏移量。

（4）计算对称度误差。

（5）判断键槽对称度是否合格。

课题四　识读并检测跳动公差

一、填空题（将正确答案填写在横线上）

1. 跳动公差用于综合控制被测要素的__________、__________和__________，跳动公差分为__________公差和__________公差。

2. 圆跳动公差分为__________圆跳动公差、__________圆跳动公差和__________圆跳动公差三种。

3. 轴向圆跳动公差带为在与__________同轴的任一半径的圆柱截面上、间距等于__________的两圆所限定的__________区域。

4. 全跳动公差分为__________全跳动公差和__________全跳动公差两种。

5. 径向圆跳动公差的公差带为在任一垂直于基准轴的横截面内且__________等于公差值 t、圆心在基准轴上的__________所限定的区域。

6. 轴向全跳动公差的公差带为间距等于公差值 t 且垂直于__________的__________所限定的区域。

二、判断题（正确的在括号内打✓，错误的在括号内打×）

1. 圆跳动公差是指被测要素在任一测量截面内相对于基准轴线的最大允许变动量。（　）

2. 径向圆跳动公差带是半径等于公差值、圆心在基准轴上的圆所限定的区域。（　）

3. 采用跳动公差仍不能满足功能要求，可进一步给出相应的形状公差，但其数值应大于圆跳动公差值。（　）

4. 轴向圆跳动公差的公差带为距离等于公差值的两平行平面。（　）

5. 斜向圆跳动公差的被测要素必须为圆锥面。（　）

6. 径向全跳动公差带为半径等于公差值 t、与基准轴线同轴的圆柱面所限定的区域。（　）

7. 径向全跳动与圆柱度的公差带形状是一样的，故其含义也基本一样。（　）

8. 径向全跳动可以综合控制圆柱度和同轴度误差。（　）

9. 斜向圆跳动公差可以用于综合控制圆锥面的形状、方向和位置。（　）

10. 斜向圆跳动公差的公差带为与基准轴线同轴的任一圆柱截面上，间距等于公差值 t 的两圆所限定的圆柱面区域。（　）

三、选择题（将正确答案的序号填写在括号内）

1. 径向圆跳动公差的公差带为（　）所限定的区域。

A. 两同心圆柱面　B. 两同心圆　C. 两平行平面　D. 圆柱面

2. 轴向圆跳动公差的被测要素为（　）。

A. 圆柱面　B. 圆柱端面　C. 圆柱面素线　D. 轴线

3. 斜向圆跳动误差的测量方向一般为（　）。

A. 沿被测表面的切向　B. 沿回转面的轴向

C. 沿回转面的径向　D. 沿被测表面的法向

4. 有径向全跳动公差要求的实际圆柱表面应限定在与基准轴线同轴的（　　）的区域内。

A. 两圆柱面之间　　B. 圆柱面内　　C. 两圆之间　　D. 圆内

5. 轴向全跳动公差的公差带为（　　）。

A. 半径差等于公差值 t、与基准轴线同轴的两圆柱面之间的区域

B. 半径差等于公差值 t 的两同心圆所限定的区域

C. 间距等于公差值 t 的两圆所限定的圆柱面区域

D. 间距等于公差值 t，且垂直于基准轴线的两平行平面

6. 限制被测圆柱面的形状误差可用（　　）。

A. 线轮廓度　　B. 面轮廓度　　C. 径向圆跳动　　D. 轴向全跳动

四、问答题

1. 什么是跳动公差？

2. 简述用偏摆测量仪测量径向圆跳动公差的步骤。

3. 使用杠杆千分表应注意哪些事项？

4．什么是全跳动公差？

五、综合题

1．识读图 2—23 中的圆跳动公差。

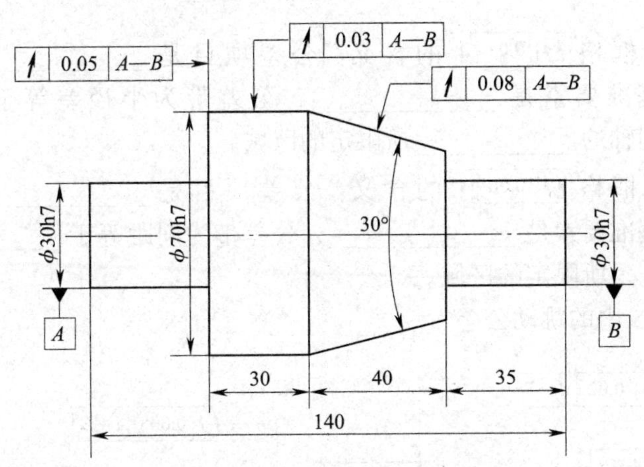

图 2—23　识读圆跳动公差

（1）跳动公差框格 [↗ 0.03 A—B] 的含义：公差项目是____________，被测要素是____________，基准要素是________________________，公差带为在任一垂直于____________________的横截面内、半径差等于________mm、圆心在____________________上的两同心圆所限定的区域。

（2）跳动公差框格 [↗ 0.05 A—B] 的含义：公差项目是____________，被测要素是____________，基准要素是________________________，公差带为与____________________同轴的任一半径的____________截面上、间距等于________mm 的两圆所限定的圆柱面区域。

（3）跳动公差框格 [↗ 0.08 A—B] 的含义：公差项目是____________，被测要素是____________，基准要素是________________________，公差带为与基准轴线同轴的任一____________截面上、间距等于________mm 的两圆所限定的__________面区域。

2．识读图 2—24 中的全跳动公差。

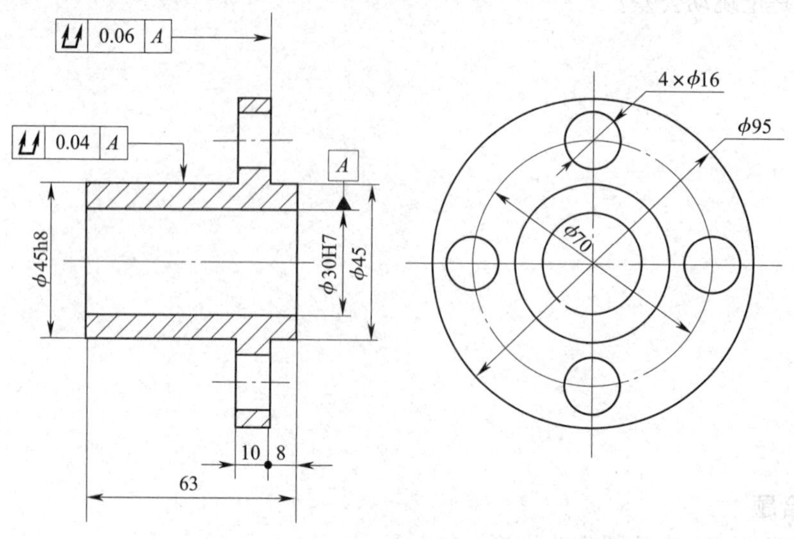

图 2—24　识读全跳动公差

（1）跳动公差框格 [⌰ | 0.04 | A] 的含义：公差项目是____________，被测要素是____________，基准要素是____________，公差带为半径差等于________ mm、与____________轴线同轴的____________所限定的区域。

（2）跳动公差框格 [⌰ | 0.06 | A] 的含义：公差项目是____________，被测要素是____________，基准要素是____________，公差带为间距等于________ mm、垂直于基准轴线的____________所限定的区域。

3. 识读图 2—25 中的跳动公差。

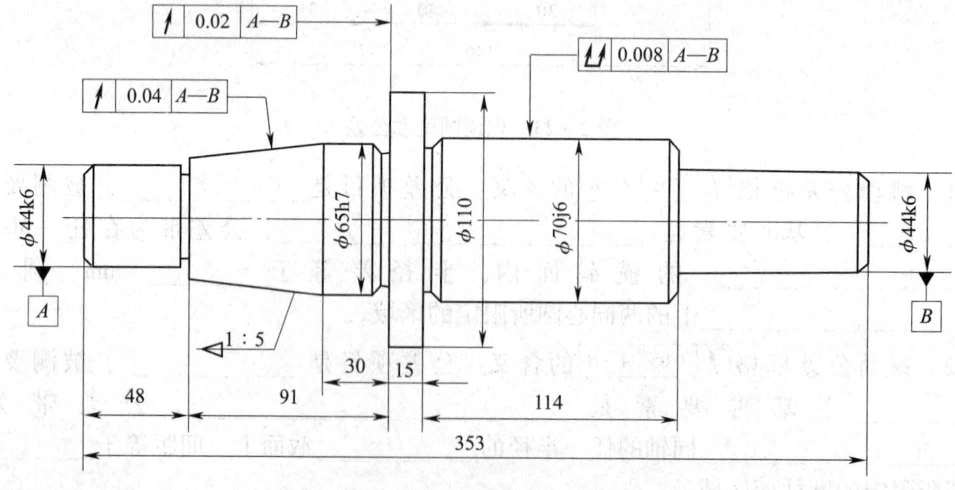

图 2—25　识读跳动公差

（1）跳动公差框格 [↗ | 0.02 | A—B] 的含义：公差项目是____________，被测要素是____________，基准要素是____________，公差带为与基准轴线同轴的任一半径的____________截面上、间距等于________ mm 的两圆所限定的____________面区域。

（2）跳动公差框格 | ↗ | 0.04 | A—B | 的含义：公差项目是＿＿＿＿＿＿，被测要素是＿＿＿＿＿＿，基准要素是＿＿＿＿＿＿，公差带为与基准轴线同轴的任一＿＿＿＿＿截面上、间距等于＿＿＿＿mm的两圆所限定的＿＿＿＿＿面区域。

（3）跳动公差框格 | ⌰ | 0.008 | A—B | 的含义：公差项目是＿＿＿＿＿＿，被测要素是＿＿＿＿＿＿，基准要素是＿＿＿＿＿＿，公差带为半径差等于＿＿＿＿mm、与＿＿＿＿＿＿轴线同轴的＿＿＿＿＿＿所限定的区域。

六、检测题

1．检测台阶轴的径向圆跳动。

根据教材中图2—70所示台阶轴的径向圆跳动要求，用偏摆测量仪和百分表测量台阶轴径向圆跳动，并判断被测台阶轴是否合格。

（1）简述所用量具、量仪与工具。

（2）采集数据，填入下表。

mm

截面序号	百分表最大示值	百分表最小示值	该截面径向圆跳动误差
1			
2			
3			

（3）计算径向圆跳动误差，判断零件是否合格。

2．检测销轴的轴向圆跳动。

根据教材中图 2—75 所示销轴的轴向圆跳动要求，用杠杆千分表测量销轴的轴向圆跳动，并判断被测销轴是否合格。

（1）简述所用量具、量仪与工具。

（2）采集数据，填入下表。

mm

截面序号	百分表最大示值	百分表最小示值	该截面轴向圆跳动
1			
2			
3			

（3）计算轴向圆跳动误差，判断零件是否合格。

3．检测端盖的径向全跳动。

根据教材中图 2—82 所示端盖的径向全跳动要求，在车床上用杠杆百分表测量端盖的径向全跳动，并判断被测端盖的径向全跳动是否合格。

（1）简述所用量具、量仪与工具。

（2）记录测量结果。

最大示值 M_{max} = ________ mm，最小示值 M_{min} = ________ mm。

（3）计算径向全跳动误差，判断零件是否合格。

4．检测端盖的轴向全跳动。

根据教材中图 2—82 所示端盖的轴向全跳动要求，在车床上用杠杆百分表测量端盖的轴向全跳动，并判断被测端盖的轴向全跳动是否合格。

（1）简述所用量具、量仪与工具。

（2）记录测量结果。

最大示值 M_{max} = ________ mm，最小示值 M_{min} = ________ mm。

（3）计算轴向全跳动误差，判断零件是否合格。

5. 检测零件圆跳动。

按照图 2—26 所示的方法，测量图 2—25 所示零件的轴向圆跳动误差和斜向圆跳动误差，并判断零件是否合格。

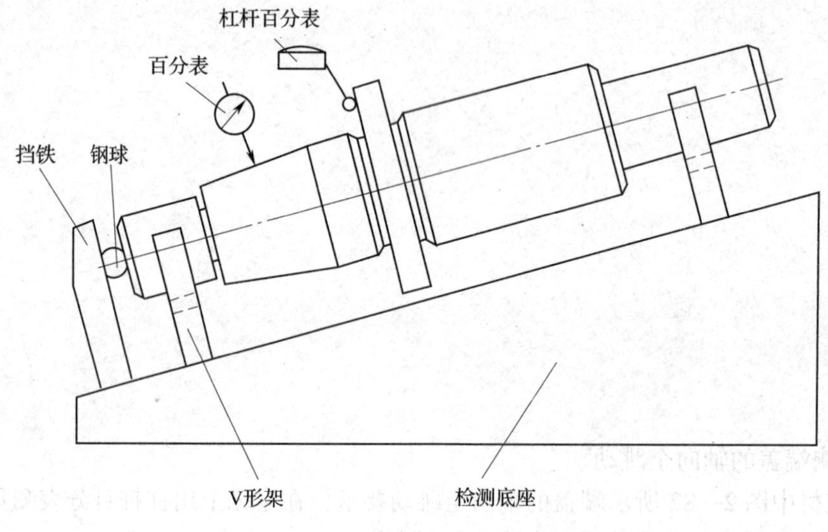

图 2—26　零件圆跳动公差的测量方法

（1）简述所用量具、量仪与工具。

（2）测量轴向圆跳动误差，采集数据，填入下表，判断零件是否合格。

mm

截面序号	百分表最大示值	百分表最小示值	该截面轴向圆跳动误差	轴向圆跳动误差	零件是否合格
1					
2					
3					

（3）测量斜向圆跳动误差，采集数据，填入下表，判断零件是否合格。

mm

截面序号	百分表最大示值	百分表最小示值	该截面斜向圆跳动误差	斜向圆跳动误差	零件是否合格
1					
2					
3					

6. 检测零件圆跳动。

在卧式车床上测量图2—25所示零件的径向全跳动误差，并判断其是否合格。

（1）简述所用量具、量仪与工具。

（2）记录测量结果。

最大示值 M_{max} = ________ mm，最小示值 M_{min} = ________ mm。

（3）计算径向全跳动误差，判断零件是否合格。

课题五　识读并标注几何公差

一、填空题（将正确答案填写在横线上）

1. 当几何公差的被测要素为轮廓线或轮廓面时，几何公差框格指引线的箭头直接指向该要素的__________线或其__________线，且与__________明显错开。

2. 当基准为______________或______________时，基准符号的三角形应与相应轮廓的尺寸线对齐。

二、判断题（正确的在括号内打√，错误的在括号内打×）

1. 当几何公差的被测要素为中心线或中心平面时，几何公差框格指引线的箭头应与相应轮廓的尺寸线对齐。（　　）

2. 当基准为轮廓线或轮廓面时，基准符号的三角形应与尺寸线明显错开。（　　）

3. 在同一要素上给出的位置公差值应小于形状公差值。（　　）

4. 在选择几何公差时，相互配合的轴相对于孔可适当降低 1 ~ 2 级。（　　）

三、选择题（将正确答案的序号填写在括号内）

1. 当被测要素为中心线或中心平面时，几何公差框格指引线的箭头应（　　）。

　A. 指向中心线或中心平面　　B. 指向尺寸线或尺寸界线

　C. 与尺寸线明显错开　　D. 与相应轮廓的尺寸线对齐

2. 当基准为轮廓线或轮廓面时，基准符号的三角形应（　　）。

　A. 与尺寸线明显错开　　B. 与尺寸线对齐

　C. 靠近尺寸线　　D. 采用引出标注

3. 圆柱体零件的形状公差（轴线的直线度除外）一般应（　　）。

　A. 小于其尺寸公差　　B. 大于其位置公差

　C. 小于其方向公差　　D. 小于其跳动公差

4. 对于（　　），选择的几何公差可适当降低 1 ~ 2 级。

　A. 细长的孔或轴　　B. 距离较小的孔或轴

　C. 窄长的零件表面　　D. 面对面的平行度与线对线的平行度相比

四、问答题

1. 选择几何公差项目的原则是什么？

2．选择基准的原则有哪些？

3．选择几何公差值的原则是什么？

五、综合题

1．识读图 2—27 中的几何公差。

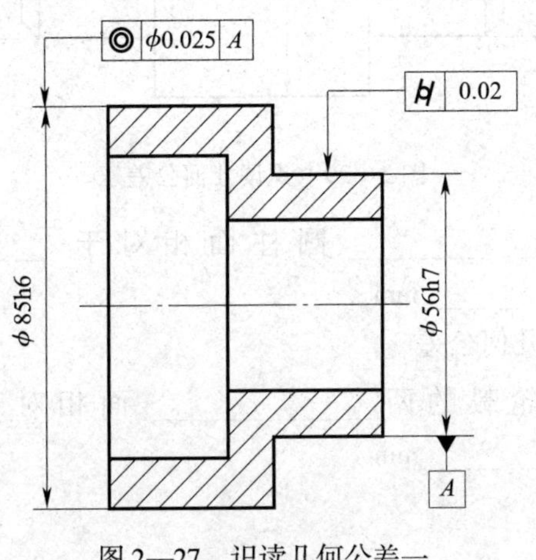

图 2—27　识读几何公差一

（1）[◎ | ϕ0.025 | *A*] 表示______________相对于______________的______________公差为______________mm。

（2）[⌭ | 0.02] 表示______________面的______________度公差为______________mm。

2. 识读图 2—28 中的几何公差。

（1）[↗ | 0.01 | *A*] 表示______________相对于______________的______________公差为______________mm。

（2）[○ | 0.007] 表示______________面的______________度公差为______________mm。

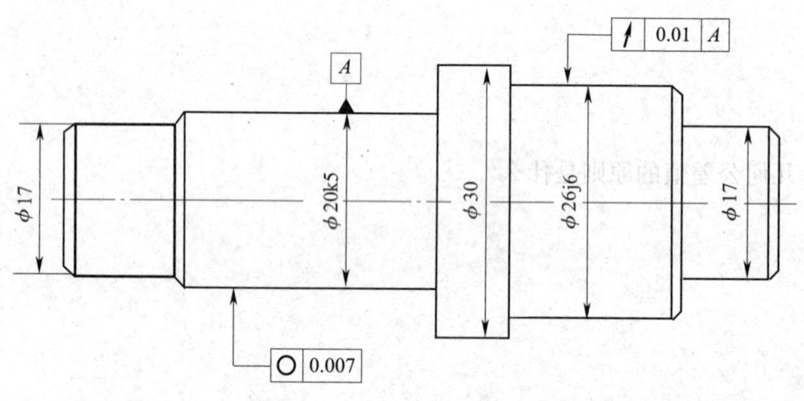

图 2—28　识读几何公差二

3. 识读图 2—29 中的几何公差。

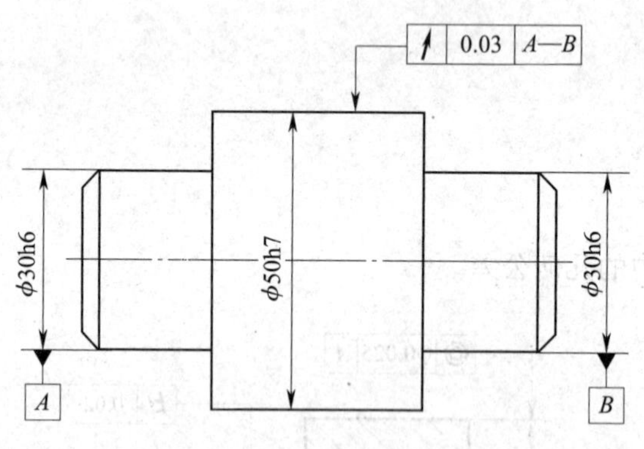

图 2—29　识读几何公差三

[↗ | 0.03 | *A—B*] 表示______________圆柱面相对于______________公共轴线的______________公差为______________mm。

4. 识读图 2—30 中的几何公差。

[↗ | 0.03 | *A*] 表示齿轮轮毂的两______________面相对于______________轴线的______________公差为______________mm。

5. 识读图 2—31 中的几何公差。

[对称度 | 0.03 | A] 表示键槽的__________面相对于__________轴线的__________度公差为________ mm。

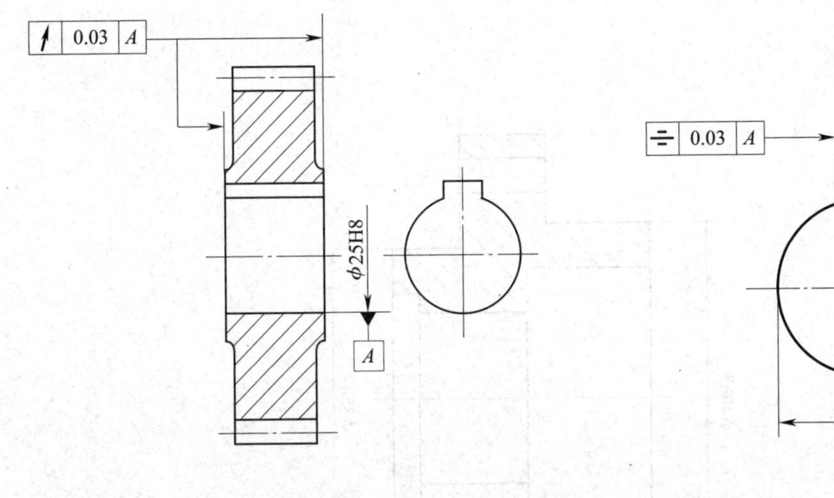

图 2—30 识读几何公差四

图 2—31 识读几何公差五

6. 将下列几何公差要求标注在图 2—32 上。

（1）两端 ϕ40k6 圆柱面的圆柱度为 0.007 mm。

（2）ϕ48k7 圆柱面对两个 ϕ40k6 圆柱面公共轴线的径向圆跳动为 0.02 mm。

（3）ϕ64 轴肩右端面对 ϕ48k7 圆柱面轴线的轴向全跳动为 0.025 mm。

（4）$18^{+0.043}_{0}$ mm 键槽的中心平面对 ϕ48k7 圆柱面轴线的对称度为 0.03 mm。

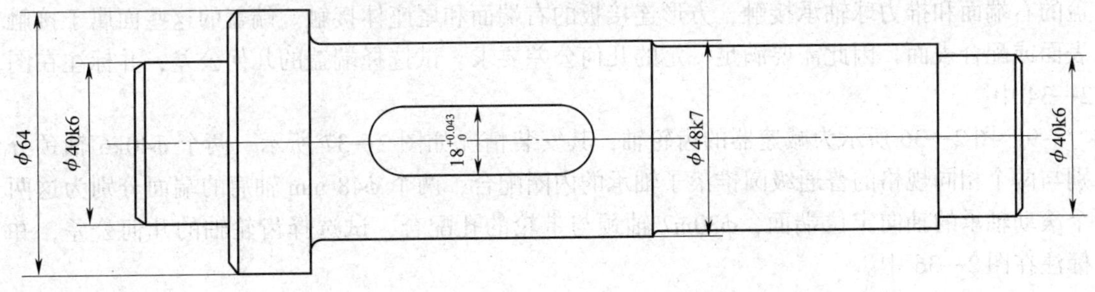

图 2—32 标注几何公差一

7. 将下列几何公差要求标注在图 2—33 上。

（1）K 面对 $\phi40h7$ 圆柱面轴线的垂直度为 0.025 mm。

（2）M、N 面对 $\phi35h7$ 圆柱面轴线的垂直度为 0.03 mm。

（3）$\phi35h7$ 轴线对 $\phi40h7$ 圆柱面轴线的同轴度为 $\phi0.03$ mm。

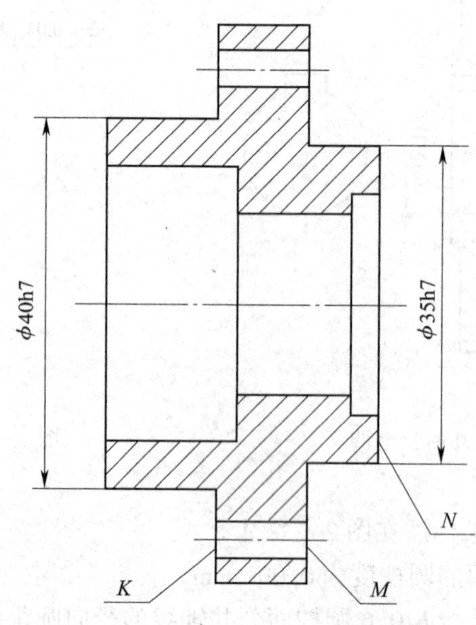

图 2—33　标注几何公差二

8. 图 2—34 所示为某数控车床尾座端盖的零件图和立体图，其连接情况如图 2—35 所示。端盖上的 $\phi25^{+0.021}_{0}$ mm 轴孔和丝杠上的圆柱面配合，$\phi65^{+0.032}_{+0.002}$ mm 处和尾座体配合。端盖的右端面和推力球轴承接触，方形连接板的右端面和尾座体接触。端盖的这些面属于接触表面或配合表面，因此需要满足一定的几何公差要求。试选择端盖的几何公差，并标注在图 2—34 中。

9. 图 2—36 所示为减速器的齿轮轴，其安装情况如图 2—37 所示。两个 $\phi40k6$ 轴颈分别与两个相同规格的普通级圆锥滚子轴承的内圈配合，两个 $\phi48$ mm 轴肩的端面分别为这两个滚动轴承的轴向定位端面，$\phi30m7$ 轴颈与带轮的孔配合，试选择齿轮轴的几何公差，并标注在图 2—36 中。

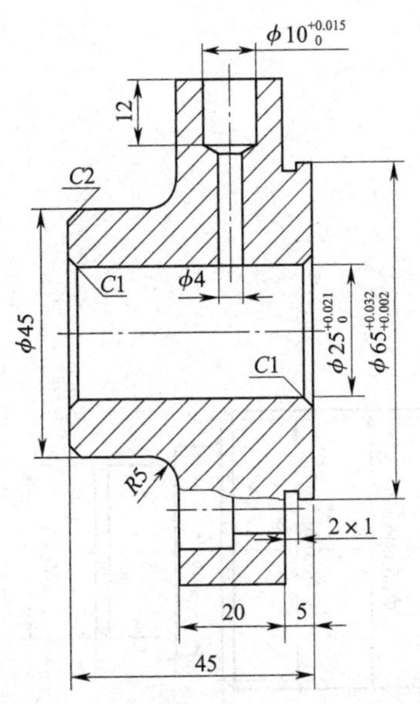

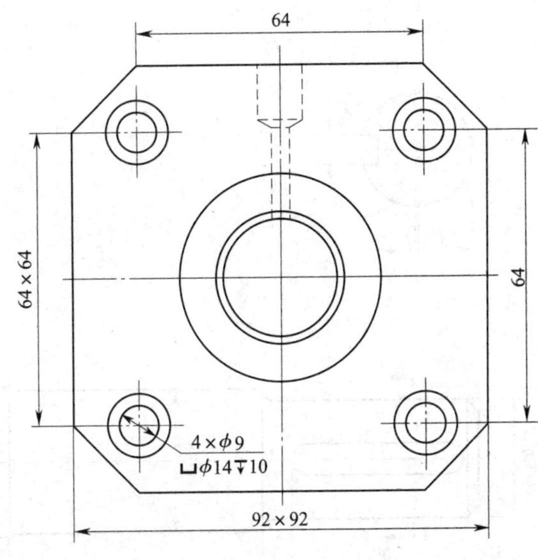

a)

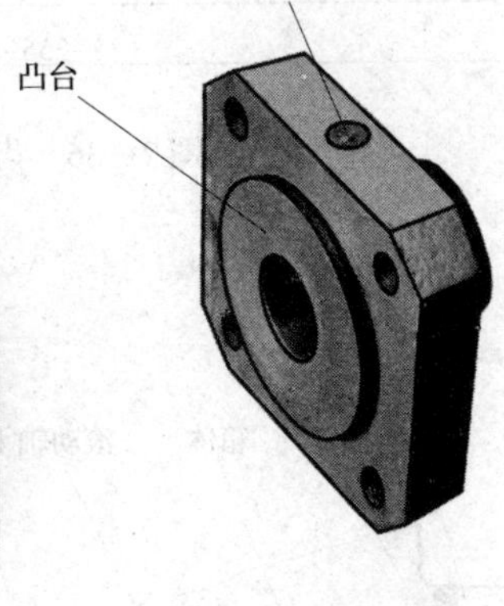

b)

图 2—34　端盖

a）零件图　b）立体图

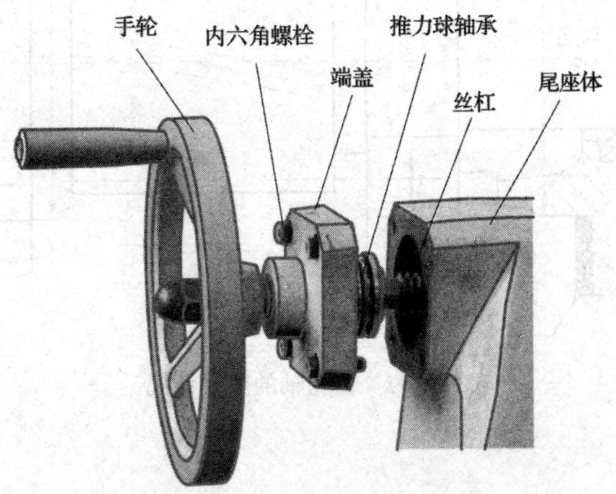

图 2—35　端盖的连接情况

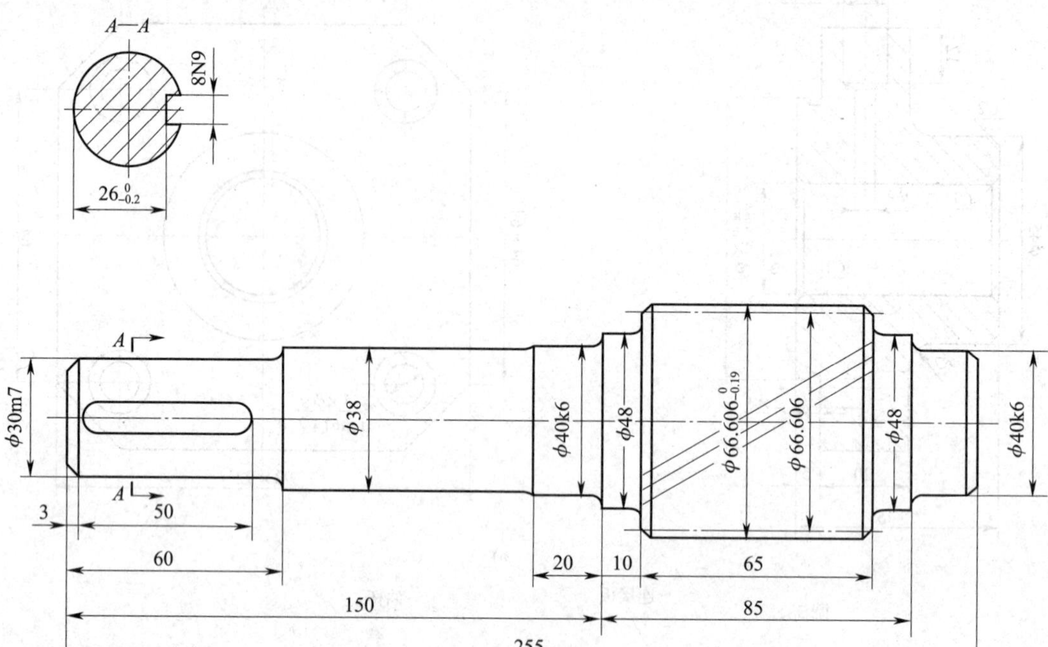

图 2—36　齿轮轴

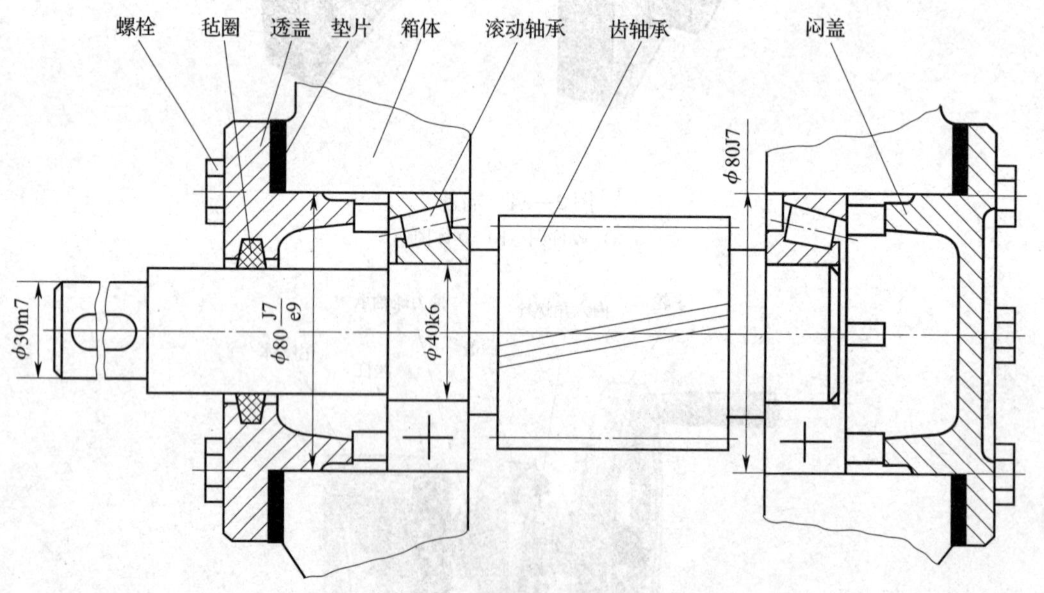

图 2—37　齿轮轴的安装情况

模块三　表面结构要求与检测

课题一　标注表面结构要求

一、填空题（将正确答案填写在横线上）

1．表面结构要求包括零件表面的____________参数、____________工艺、表面____________及方向、____________余量、取样长度等。

2．表面结构参数有____________参数、____________参数和原始轮廓参数等，其中____________参数是最常用的表面结构参数。

3．$\nabla\!\!\sqrt{\substack{\text{U}\ Ra\ 3.2\\ \text{L}\ Ra\ 0.8}}$ 表示表面用____________的方法获得，____________向极限值，____________的上限值为____________μm，下限值为____________μm。

4．表示加工纹理和方向的符号中，“=”表示纹理方向____________视图的正投影面，“×”表示纹理呈____________且与视图的正投影面相交，“C”表示纹理呈____________且圆心与表面中心相关，“R”表示纹理呈____________且与表面圆心相关。

二、判断题（正确的在括号内打√，错误的在括号内打×）

1．表面粗糙度常用的评定参数有轮廓算术平均偏差和轮廓最大高度，其中轮廓最大高度为最常用的评定参数。（　　）

2．一般来说，表面质量要求越高，*Ra* 值越小，加工成本也越高。（　　）

3．注写了表面结构参数或其他有关要求的表面结构代号称为表面结构符号。（　　）

4．当多个表面具有相同的表面结构要求时，可将表面结构代号统一标注在图样的右上角。（　　）

5．在图样上标注表面结构代号时，其数字或字母的方向必须与图中尺寸数值的方向一致。（　　）

6．表面结构代号可以标注在几何公差框格的上方。（　　）

7．表面结构代号不可标注在尺寸线上。（　　）

三、选择题（将正确答案的序号填写在括号内）

1．下列表面结构符号中，（　　）表示是用去除材料的方法获得的表面。

A. √　　B. ▽√　　C. ○√

2．标注表面结构代号时，（　　）。

A．三角形的尖底由材料外指向并接触表面

B．三角形的尖底由材料内指向并接触表面

C．表面结构代号不可倾斜绘制

D．不可标注在轮廓线的延长线上

3．表面结构代号用带箭头的指引线引出标注时，（　　）。

A．符号和文字应沿水平方向

B．符号和文字应沿竖直方向

C．符号和文字可以沿倾斜方向

4．表面结构代号中的加工纹理符号 M 表示（　　）。

A．纹理方向垂直于视图的正投影面

B．纹理呈斜向交叉且与视图的正投影面相交

C．纹理呈多方向

D．纹理呈近似同心圆且圆心与表面中心相关

5．下列表面结构代号中正确的代号为（　　）。

A．车 $\sqrt{Ra\ 3.2}$　　B．M $\sqrt{Ra\ 3.2}$　　C．车 $\sqrt{Ra\ 3.2}$　　D．车 $\sqrt{Ra\ 3.2}$

四、问答题

1．什么是轮廓算术平均偏差 *Ra*？

2．什么是轮廓最大高度 *Rz*？

3．表面结构符号和表面结构代号有什么区别？

4．表面结构代号的标注规则是什么？

五、综合题

1．解释图 3—1 所示的表面结构代号各个位置的注写内容。

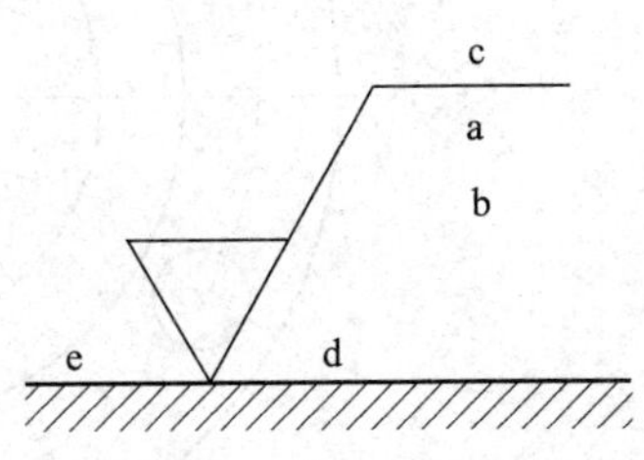

图 3—1　表面结构代号

位置 a 注写表面结构的____________要求，位置 b 注写第二个或更多的____________，位置 c 注写____________、____________、____________或其他加工工艺要求，位置 d 注写____________________，位置 e 注写____________。

2．识读图 3—2 中的表面结构代号。

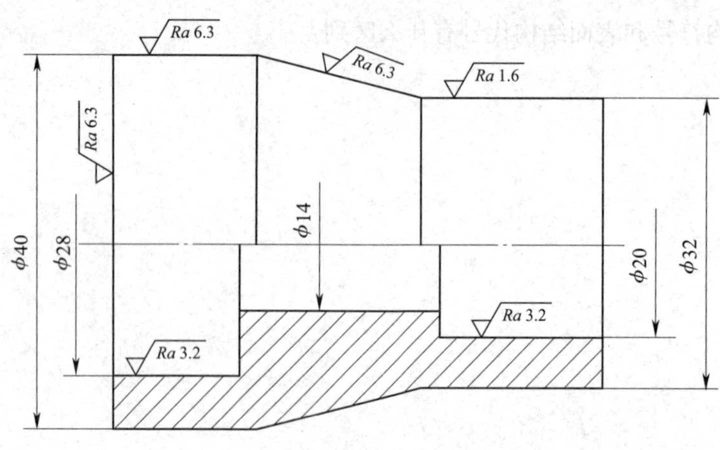

图 3—2　识读表面结构代号一

表面名称	φ28 mm 孔	φ20 mm 孔	φ14 mm 孔	圆锥面
表面结构代号				
表面名称	φ40 mm 圆柱面	φ32 mm 圆柱面	零件右端面	零件左端面
表面结构代号				

3．识读图 3—3 中的表面结构代号。

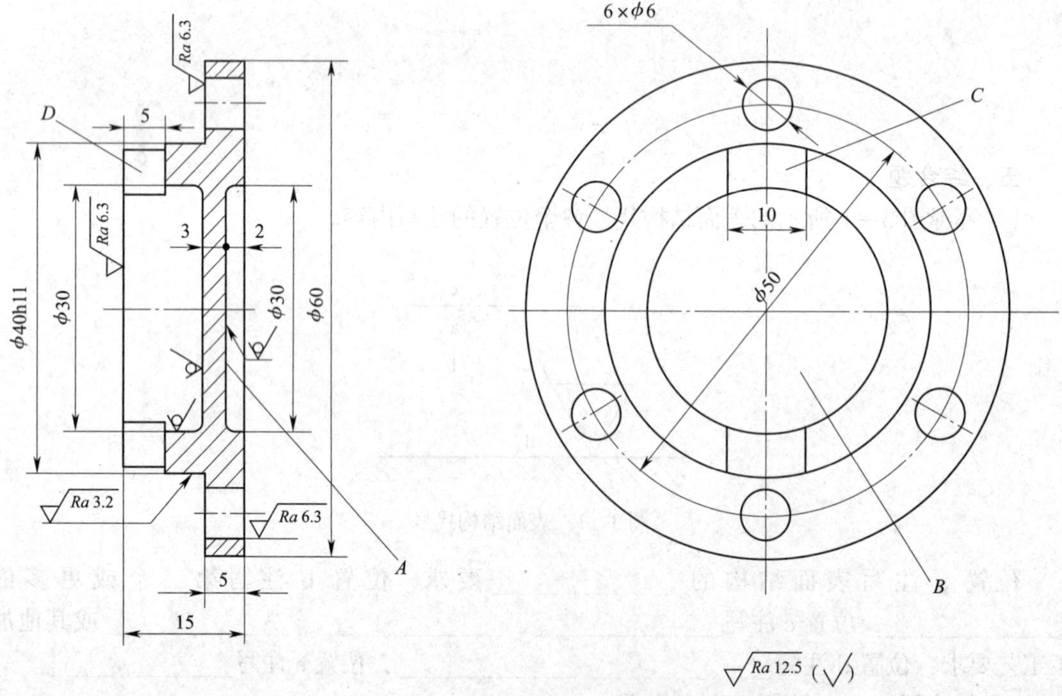

图 3—3　识读表面结构代号二

表面名称	ϕ30 mm 孔	6 × ϕ6 mm 孔	零件左端面	零件右端面
表面结构代号				
表面名称	*A* 面	*B* 面	*C* 面	*D* 面
表面结构代号				

4．识读图 3—4 中的表面结构代号。

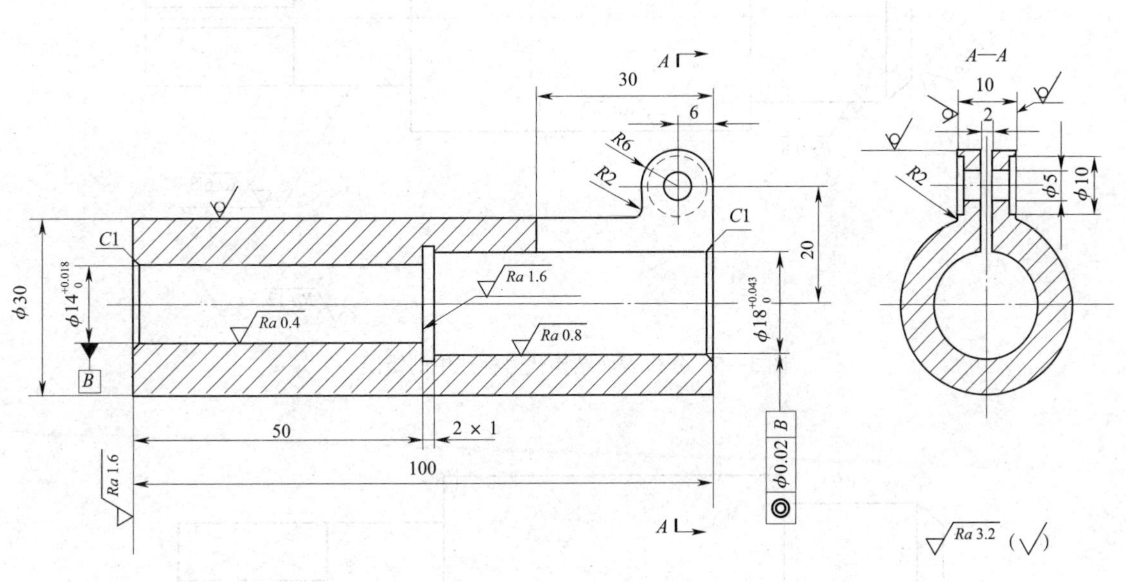

图 3—4　识读表面结构代号三

（1）符号"$\bigcirc\!\!\!\!\sqrt{}$"表示所指表面用____________的方法获得，这样的表面在零件中共有______处，分别是__________________________________等表面。

（2）符号"$\sqrt{Ra\ 0.4}$"在图中指向____________表面，它表示该表面用____________的方法获得，*Ra* 表示______________，0.4 表示______________。

（3）符号"$\sqrt{Ra\ 0.8}$"在图中指向____________表面，它表示该表面用____________的方法获得，*Ra* 表示______________，0.8 表示______________。

（4）符号"$\sqrt{Ra\ 1.6}$"在图中指向____________和____________，它表示该表面用____________的方法获得，*Ra* 表示______________，1.6 表示______________。

（5）图样右下角的符号"$\sqrt{Ra\ 3.2}$ ($\sqrt{}$)"表示____________________的表面的表面结构要求。

5．分析图 3—5 中表面结构代号标注中的错误，在图 3—6 中进行正确标注。

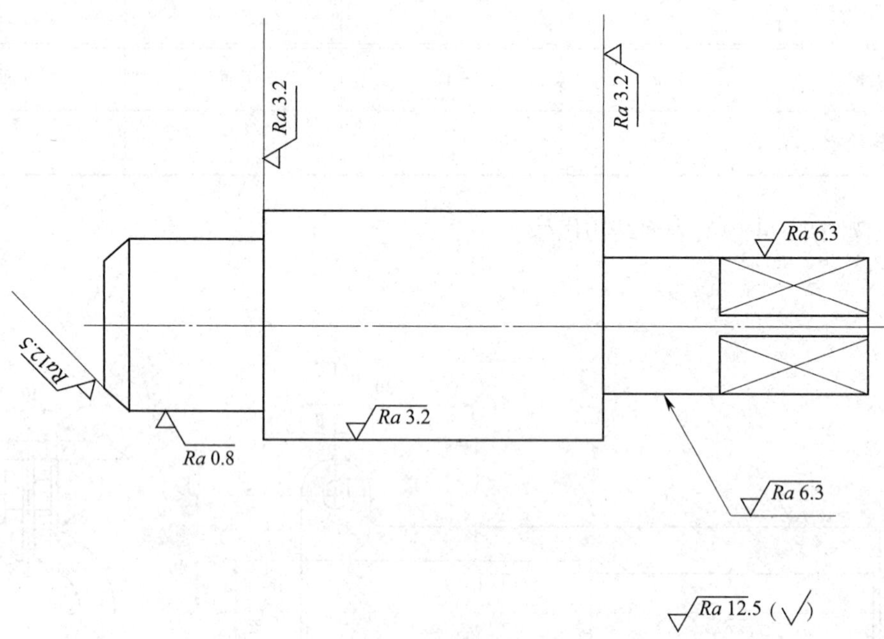

图 3—5　分析表面结构代号标注中的错误一

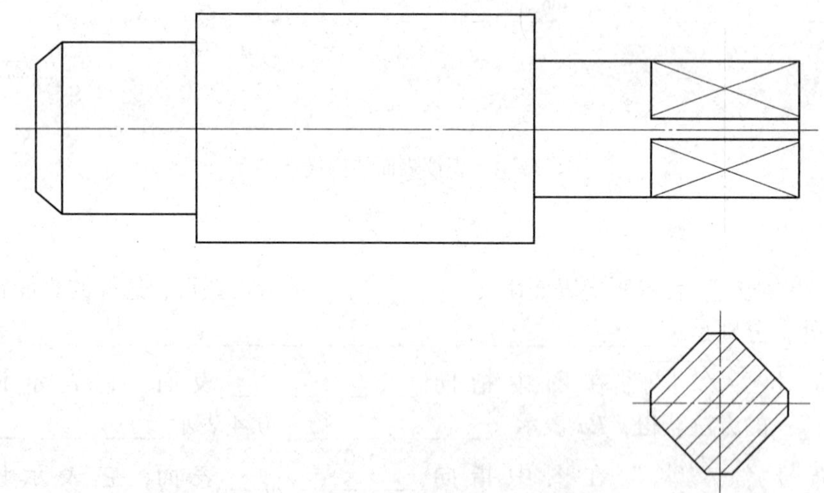

图 3—6　标注表面结构代号一

6. 分析图 3—7 中表面结构代号标注中的错误，在图 3—8 中进行正确标注。

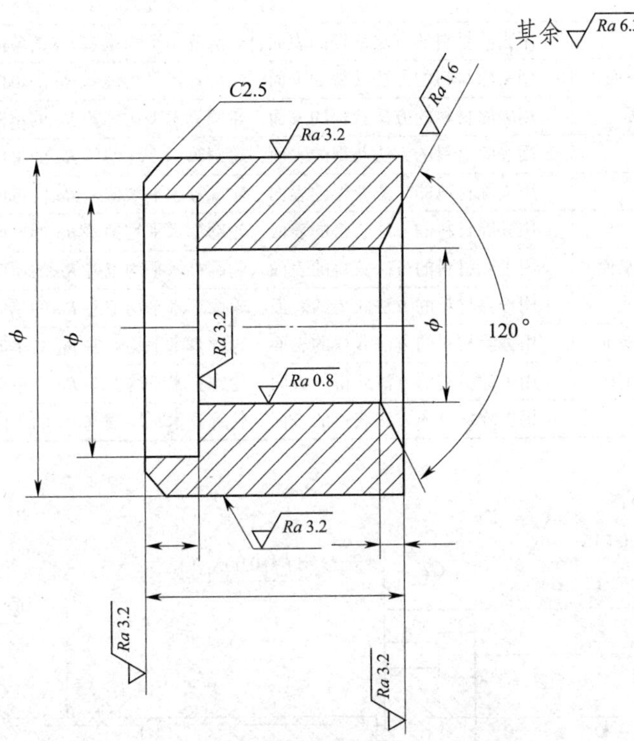

图 3—7　分析表面结构代号标注中的错误二

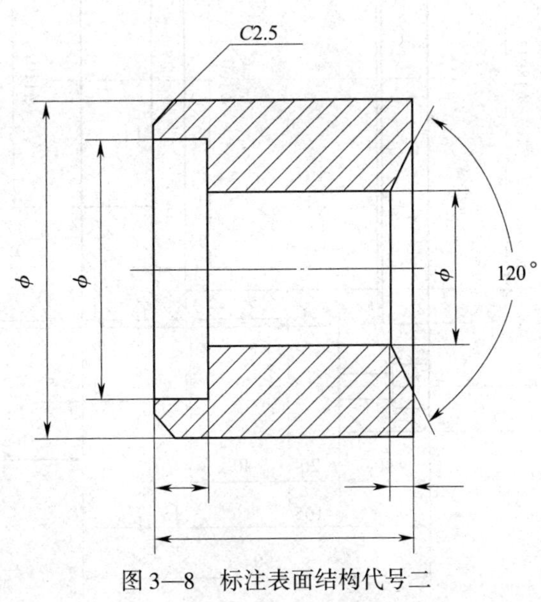

图 3—8　标注表面结构代号二

7．根据下表中给定的表面粗糙度参数及要求，在图 3—9 中标注表面结构代号。

序号	标注部位	参数及要求
1	φ180J7 孔	用去除材料的方法获得的表面，轮廓算术平均偏差 *Ra* 的单向上限值为 0.8 μm
2	φ180J7 孔的底端面	用去除材料的方法获得的表面，轮廓算术平均偏差 *Ra* 的单向上限值为 1.6 μm
3	φ210K6 圆柱面	用去除材料的方法获得的表面，轮廓算术平均偏差 *Ra* 的单向上限值为 0.8 μm
4	零件右端面	用去除材料的方法获得的表面，轮廓算术平均偏差 *Ra* 的单向上限值为 1.6 μm
5	φ110 mm 孔	用去除材料的方法获得的表面，轮廓算术平均偏差 *Ra* 的单向上限值为 1.6 μm
6	φ200 mm 孔	用去除材料的方法获得的表面，轮廓算术平均偏差 *Ra* 的单向上限值为 1.6 μm
7	φ200 mm 孔的底端面	用去除材料的方法获得的表面，轮廓算术平均偏差 *Ra* 的单向上限值为 3.2 μm
8	φ300 mm 圆柱面	用去除材料的方法获得的表面，轮廓算术平均偏差 *Ra* 的单向上限值为 3.2 μm
9	φ300 mm 圆柱左端面	用去除材料的方法获得的表面，轮廓算术平均偏差 *Ra* 的单向上限值为 1.6 μm
10	φ300 mm 圆柱右端面	用去除材料的方法获得的表面，轮廓算术平均偏差 *Ra* 的单向上限值为 3.2 μm
11	其他表面	用去除材料的方法获得的表面，轮廓算术平均偏差 *Ra* 的单向上限值均为 6.3 μm

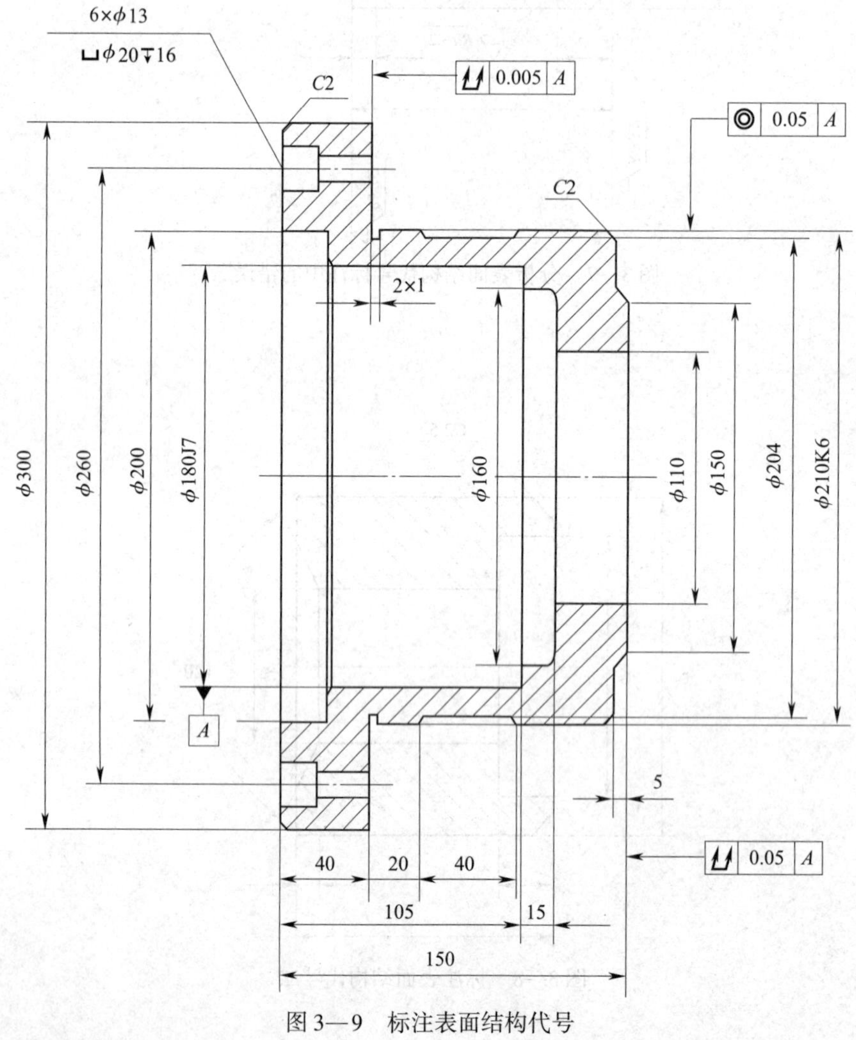

图 3—9　标注表面结构代号

课题二　表面粗糙度的选用与检测

一、填空题（将正确答案填写在横线上）

1. 同一零件上工作表面的表面粗糙度参数值应____________（小于或大于）非工作表面的表面粗糙度参数值。

2. 一般情况下，轴上键槽两侧面的表面粗糙度参数应选择 *Ra* ____________ μm，底面的表面粗糙度参数应选择 *Ra* ____________ μm。

3. 组合式表面粗糙度比较样块由____________、____________、____________、____________、____________、____________、____________7组样块组成。

4. 表面粗糙度参数值选择的基本原则是在满足表面______________的前提下，尽量选用________的表面粗糙度参数值。

二、判断题（正确的在括号内打√，错误的在括号内打×）

1. 在选择表面粗糙度参数时，尽量选用较小的表面粗糙度值，以降低加工成本。（　　）

2. 一般情况下，铸造毛坯非加工表面的表面粗糙度不影响机器的质量，可不必考虑其表面粗糙度参数。（　　）

3. 选择零件的表面粗糙度参数时，其值越小越好。（　　）

4. 设计零件时，若尺寸公差和几何公差较小时，其相应的表面粗糙度数值也应较小。（　　）

5. 采用比较法检测表面粗糙度的高度参数值时，应使样块与被测表面的加工纹理方向保持一致。（　　）

三、选择题（将正确答案的序号填写在括号内）

1.（　　）的表面粗糙度值小。

A. 摩擦表面比非摩擦表面

B. 非工作表面比工作表面

C. 压力小的摩擦表面比压力大的摩擦表面

D. 运动速度低的摩擦表面比运动速度高的摩擦表面

2. 关于表面粗糙度参数值的选择，下列说法正确的是（　　）。

A. 同一零件上，非工作表面一般比工作表面的表面粗糙度值小

B. 圆角、沟槽等易引起应力集中的结构，其表面粗糙度值小

C. 非配合表面比配合表面表面粗糙度值小

D. 配合性质相同时，零件尺寸越大，则表面粗糙度数值应越小

3. 一般情况下，穿螺栓的孔的表面应选用的表面粗糙度值为 *Ra*（　　）μm。

A. 25　　B. 12.5　　C. 6.3　　D. 3.2

4. 一般情况下，微见加工痕迹的表面粗糙度值为 *Ra*（　　）μm。

A. 6.3　　B. 3.2　　C. 1.6　　D. 0.8

四、问答题

1. 什么情况下应选用较小的表面粗糙度值？

2. 如何选择表面粗糙度比较样块？

3. 如何使用表面粗糙度比较样块检测零件的表面质量？

五、综合题

1．图 3—10 所示为齿轮减速器的输出轴，其安装情况如图 3—11 所示。两个 ϕ55k6 轴颈分别与两个相同规格的普通级圆锥滚子轴承的内圈配合，ϕ45n7 轴颈与齿轮的轴孔配合，在 ϕ58r6 轴颈上安装齿轮，试选择输出轴的表面粗糙度参数，并在图 3—10 中标注表面结构代号。

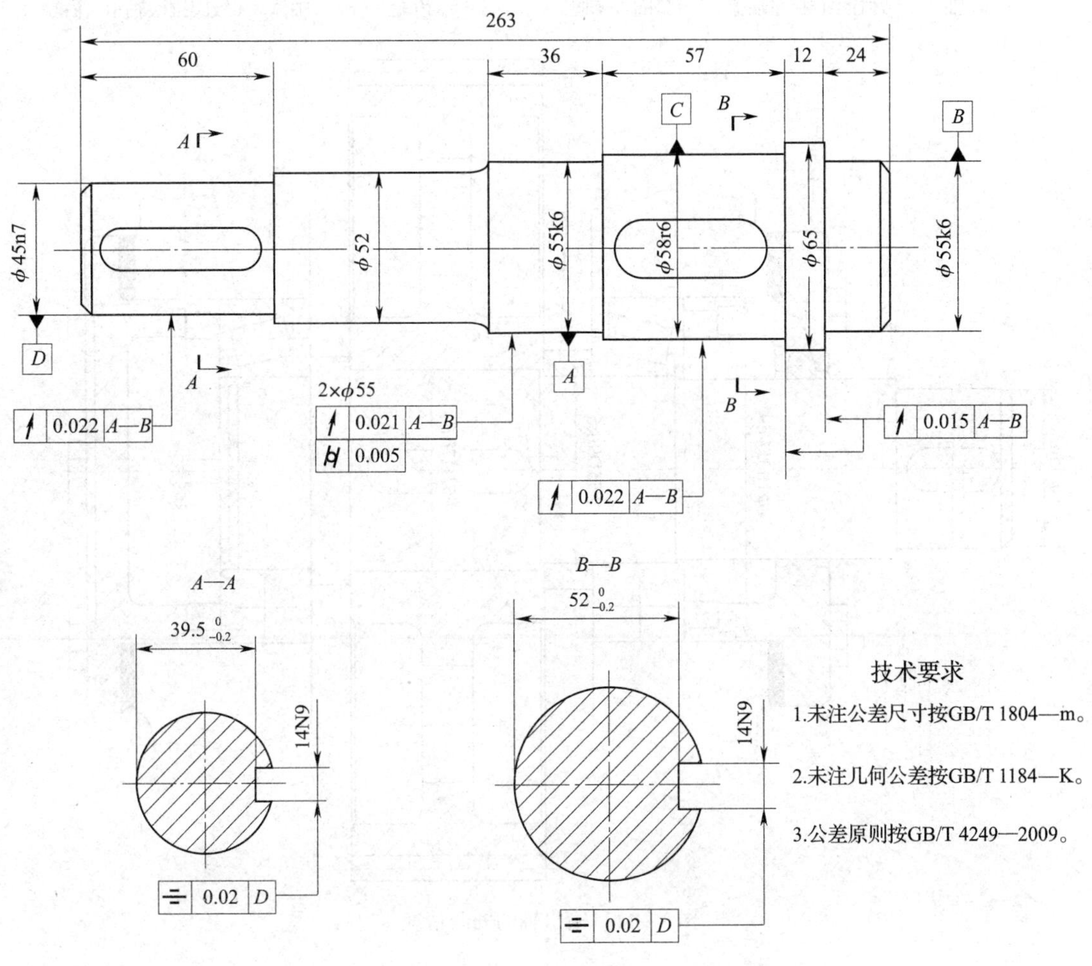

图 3—10　齿轮减速器的输出轴

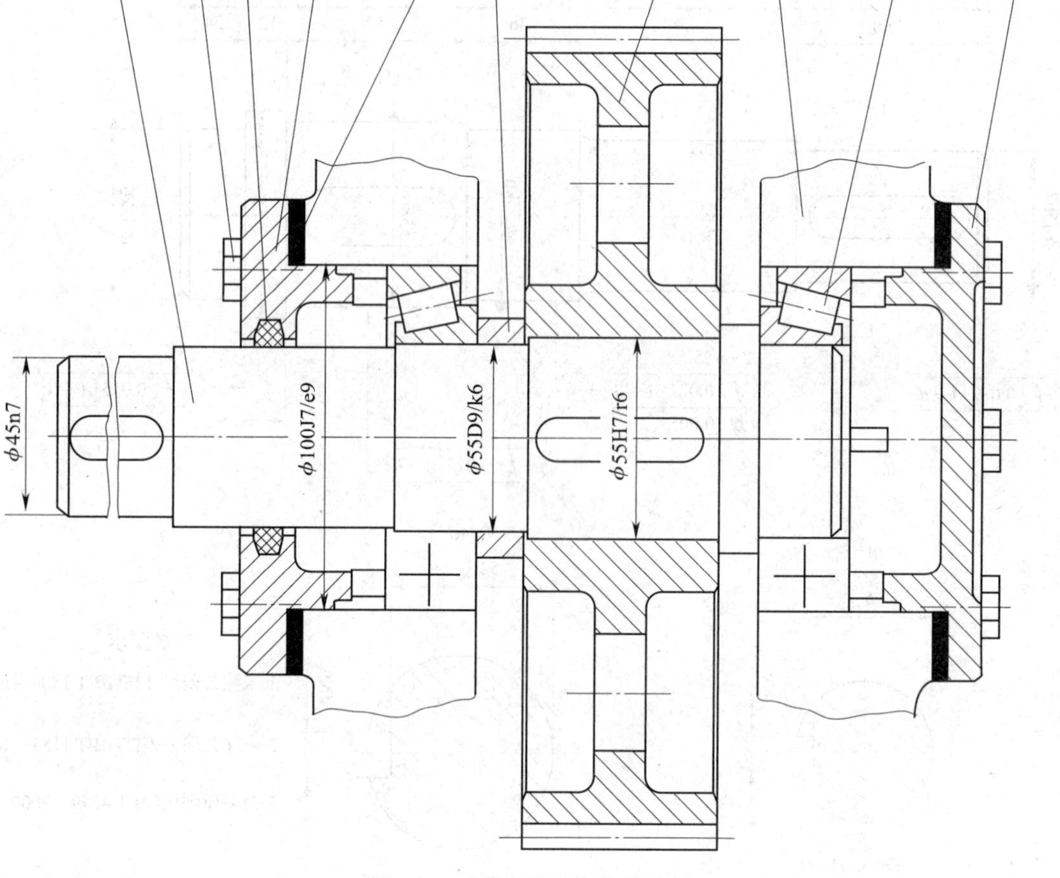

图 3—11　输出轴的安装情况

2. 图 3—12 所示为齿轮泵的右端盖，其安装情况如教材中图 3—12 所示。右端盖上方 $\phi16^{+0.018}_{0}$ mm 孔穿过传动齿轮轴，下方 $\phi16^{+0.018}_{0}$ mm 孔安装齿轮轴，$\phi20^{+0.021}_{0}$ mm 孔中放置密封圈，M27 ×1.5上安装压紧螺母，试选择右端盖的表面粗糙度参数，并在图 3—12 中标注表面结构代号。

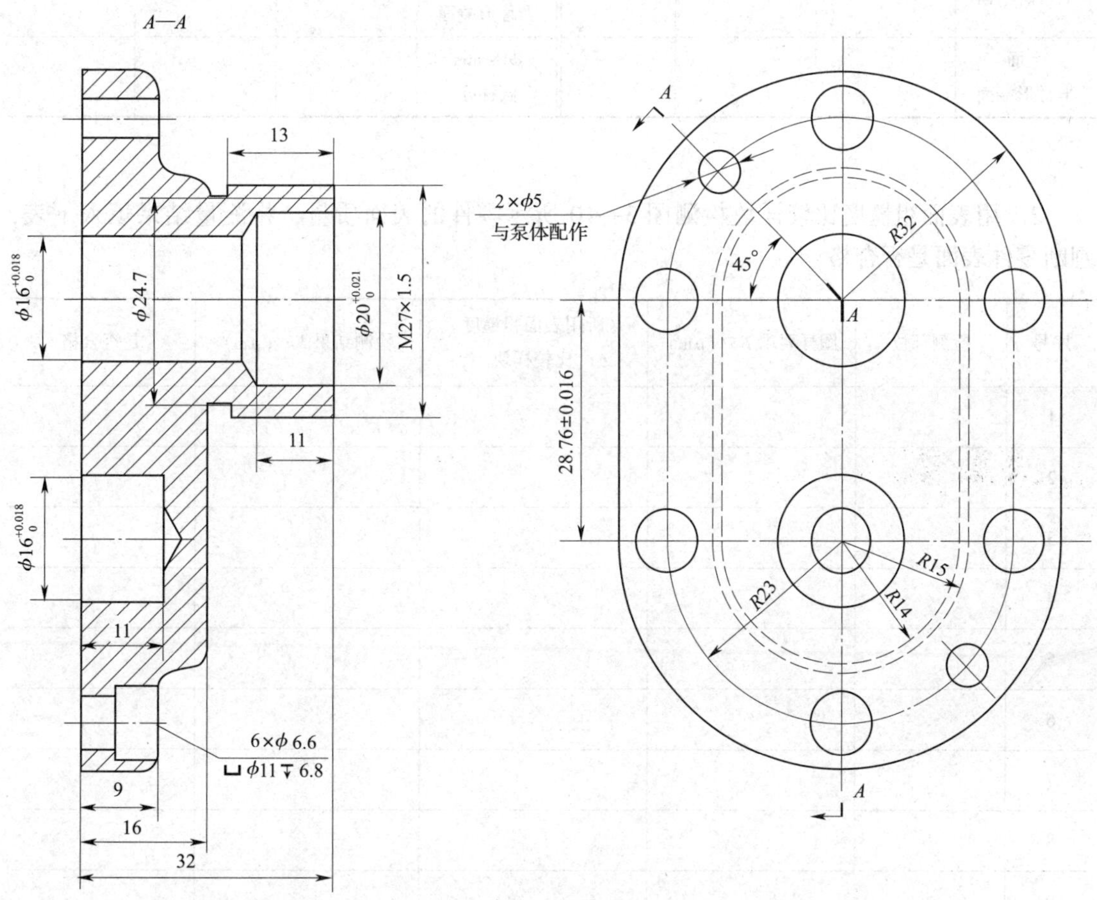

图 3—12　齿轮泵的右端盖

六、检测题

1. 用表面粗糙度比较样块检测教材中图 3—14 所示滚轮轴各表面的表面粗糙度 Ra 值，并根据教材中图 3—14 所示的表面结构要求判断零件是否合格。

被测表面	图样要求 Ra（μm）	检测结果 Ra（μm）	是否合格	被测表面	图样要求 Ra（μm）	检测结果 Ra（μm）	是否合格
φ42 mm 圆柱面				φ42 mm 圆柱右端面			
φ30 mm 圆柱面				φ30 mm 圆柱左端面			
φ42 mm 圆柱左端面				上台阶平面			

续表

被测表面	图样要求 Ra（μm）	检测结果 Ra（μm）	是否合格	被测表面	图样要求 Ra（μm）	检测结果 Ra（μm）	是否合格
下台阶平面				下面半月形端面			
上面半月形端面				ϕ18 mm 圆柱孔			

2．用表面粗糙度比较样块检测图 3—10 所示零件的表面质量，将测量结果填入下表，判断零件表面是否合格。

序号	检测部位	图样要求 Ra（μm）	所用表面粗糙度比较样块	检测结果 Ra（μm）	是否合格
1					
2					
3					
4					
5					
6					
7					
8					
9					
10					
11					
12					
13					
14					
15					
16					

模块四　常见结构的公差与检测

课题一　圆锥和角度的公差与检测

一、填空题（将正确答案填写在横线上）

1. 圆锥台的大小可以由圆锥台的______________、______________、两底圆之间的______________、______________四个尺寸中的任意三个确定。

2. 具有莫氏锥度的零件可以通过圆锥面之间的________________实现零件间的精确定位。

3. 常用的莫氏锥度共有 7 种，分别为______、______、______、_______、_______、_______、_______，其圆锥角依次减小。

4. 圆锥角公差共分为______个公差等级。

5. 由于万能角度尺的______尺和______尺可以移动和拆换，因此万能角度尺可以测量______________间的任意角度。

二、判断题（正确的在括号内打√，错误的在括号内打×）

1. 具有莫氏锥度的零件，可通过圆锥面之间的过盈配合实现零件间的精确定位。（　　）

2. 使用圆锥塞规检验内锥孔时，零件的精度要求越高，圆锥塞规上的红丹涂层越厚。（　　）

3. 用圆锥塞规检验内锥孔时，圆锥塞规在锥孔中不允许转动。（　　）

4. 用圆锥套规检验外圆锥时，若零件大端的涂层被擦去，则表示外圆锥角偏小。（　　）

三、选择题（将正确答案的序号填写在括号内）

1. 公差 AT_{α}是指（　　）的允许变动量。

A. 圆锥台的大端直径　　B. 圆锥台的小端直径

C. 圆锥角的弧度　　D. 圆锥角的角度

2. 图 4—1 所示的万能角度尺用于测量（　　）的角度。

A. 0°～50°　　B. 50°～140°

C. 140°～230°　　D. 230°～320°

3. 用圆锥套规检验外圆锥体时，应在（　　）涂红丹或蓝油。

A. 圆锥套规上沿素线

B. 零件的圆锥面上沿素线

C. 零件圆锥面的两端和中间沿圆周

D. 零件和圆锥套规上同时

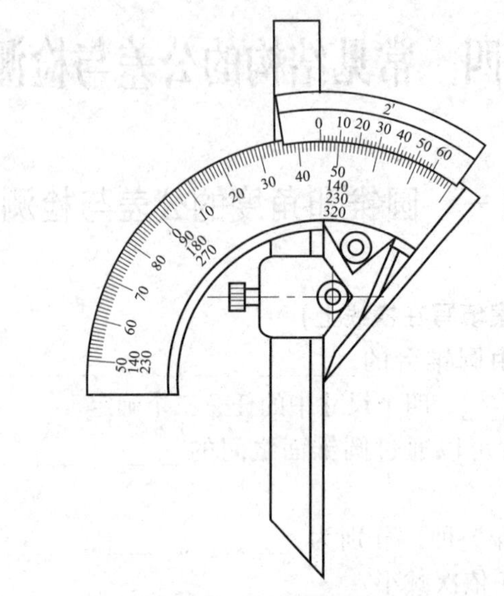

图 4—1　万能角度尺

四、问答题

1．图 4—2 所示的万能角度尺由哪些部分组成？用万能角度尺测量 0°～50°、50°～140°、140°～230°和 230°～320°范围内的角度时，如何读数？

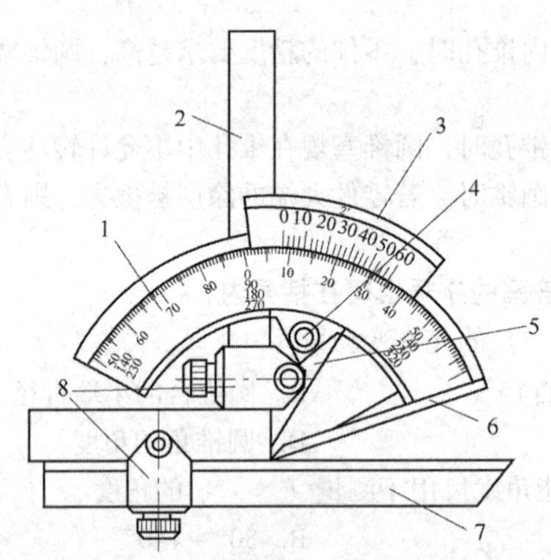

图 4—2　万能角度尺的结构

1—＿＿＿＿＿＿　2—＿＿＿＿＿＿　3—＿＿＿＿＿＿　4—＿＿＿＿＿＿

5—＿＿＿＿＿＿　6—＿＿＿＿＿＿　7—＿＿＿＿＿＿　8—＿＿＿＿＿＿

2．如何用圆锥塞规检验内锥孔？

五、综合题

1．识读万能角度尺的示值。

（1）如图 4—3 所示，如果被测角度在 50° ~ 140°，则该万能角度尺的示值为______________。

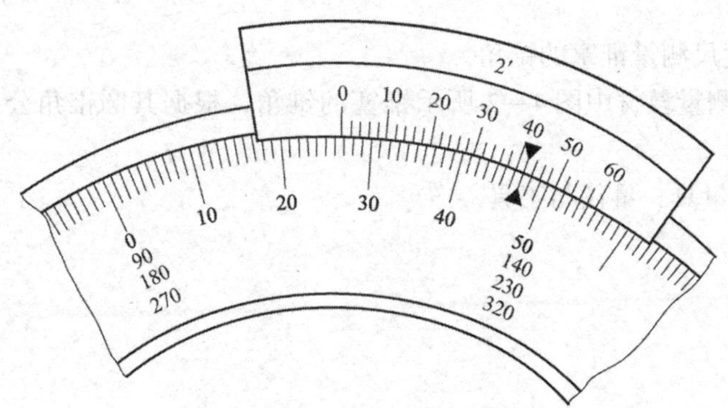

图 4—3　识读万能角度尺的示值一

（2）如图 4—4 所示，如果被测角度在 140° ~ 230°，则该万能角度尺的示值为______________。

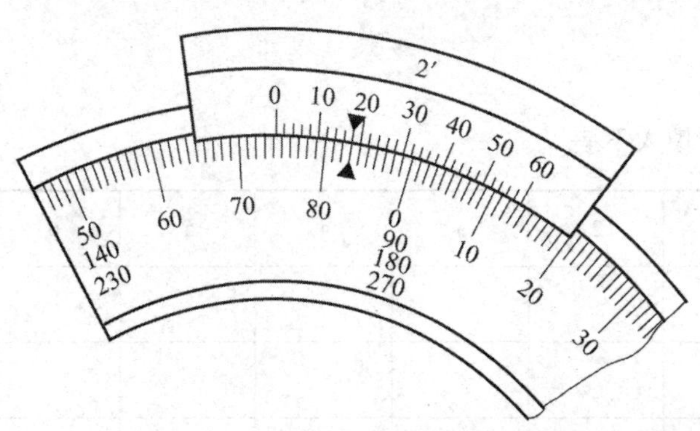

图 4—4　识读万能角度尺的示值二

2．如图 4—5 所示，已知正弦规两圆柱中心距为 $L = 200$ mm，被测圆锥体的锥角为 $\alpha = 30°$，试计算垫正弦规所需量块的高度 H。

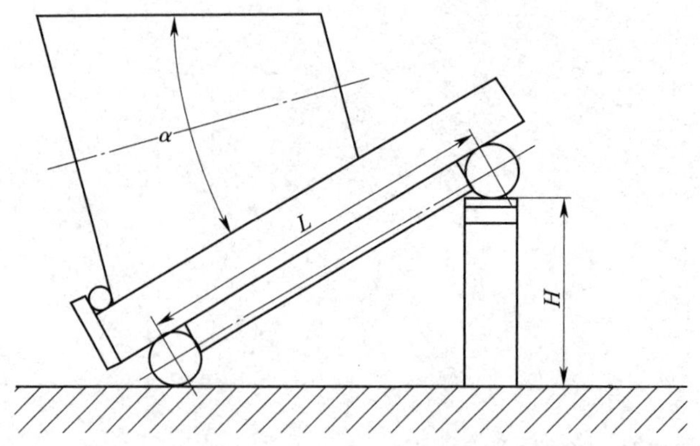

图 4—5　求垫正弦规所需量块的高度

六、检测题

1．用万能角度尺测量锥塞的锥角。

用万能角度尺测量教材中图 4—2 所示锥塞的锥角，根据其圆锥角公差，判断锥角是否合格。

（1）简述所用量具、量仪与工具。

（2）采集数据，填入下表。

测量次数	1	2	3	4	5	6	7	8
所测角度								
换算成 $\alpha/2$								
圆锥角 α								
圆锥角误差								

（3）将测得的角度换算成圆锥半角，再转换成圆锥角，填入上表。

（4）判断圆锥角是否合格。

2. 用正弦规检测圆锥塞规的锥角。

用正弦规和示值误差为0.001 mm的千分表测量教材中图4—10所示圆锥塞规的锥角，并根据圆锥角公差±16″判断圆锥塞规的锥角是否合格。

（1）简述所用量具、量仪与工具。

（2）计算垫正弦规所需量块的高度。

(3) 采集数据，填入下表。

测量次数	1	2	3	4	5
高度差 Δh（mm）					
圆锥角误差 $\Delta\alpha$（″）					

(4) 计算圆锥角误差。

(5) 判断圆锥角是否合格。

3. 用万能角度尺检测燕尾薄板的角度。

用万能角度尺测量教材中图 4—14 所示燕尾薄板的角度，根据图样上的角度尺寸及公差，判断零件的角度是否合格。

(1) 简述所用量具、量仪与工具。

（2）采集数据，填入下表，判断角度是否合格。

图样角度尺寸及公差	60° ±2′	67° ±2′	138° ±2′
测得角度			
角度误差			
是否合格			

课题二　螺纹的公差与检测

一、填空题（将正确答案填写在横线上）

1. 螺旋线有________旋和________旋之分。当圆柱轴线直立时，右旋螺旋线的可见部分____________升高，左旋螺旋线则____________升高。

2. 在圆柱（或圆锥）外表面上形成的螺纹称为______________，在圆柱（或圆锥）内表面上形成的螺纹称为______________。

3. 常见的螺纹有________螺纹、________螺纹和________螺纹。

4. 普通三角螺纹的牙型角为________，梯形螺纹的牙型角为________。

5. 内螺纹基本偏差为__________，外螺纹基本偏差为__________。

6. 国家标准对内螺纹规定了________、________两种基本偏差，对外螺纹规定了________、________、________、________四种基本偏差。

7. 螺纹样板是一种带有不同__________的基本牙型的薄片，可以用比较法检验螺纹的____________和____________。

二、判断题（正确的在括号内打√，错误的在括号内打×）

1. 普通螺纹的顶径一般为螺纹大径。（　　）

2. 普通螺纹的牙型为在正三角形上削去了顶部和底部，因此普通螺纹的牙型为梯形。（　　）

3. M20×2是细牙普通螺纹。（　　）

4. M12—5H表示螺纹孔大径和小径的公差带代号均为5H。（　　）

5. 螺纹公差带分为精密、中等和粗糙三个精度等级，中等级用于要求配合性质变动较小的场合。（　　）

6. 内、外螺纹配合的公差带在选用H/h时，其配合最小间隙为零，当螺纹连接要求拆卸容易时，可采用这种螺纹配合。（　　）

7. 螺纹千分尺用来测量外螺纹中径。（　　）

8. 螺纹环规通规的长度等于被检测螺纹的旋合长度，而止规只做出几个牙。（　　）

三、选择题（将正确答案的序号填写在括号内）

1. 普通螺纹的公称直径为（　　）。

A. 螺纹大径　　B. 螺纹小径　　C. 螺纹中径　　D. 螺纹顶径

2. 管螺纹中，与圆柱内螺纹配合的圆锥外螺纹的代号为（　　）。

A. Rp　　B. R_1　　C. Rc　　D. R_2

3. 梯形螺纹的代号为（　　）。

A. G　　B. T　　C. Tr　　D. B

4. 如图 4—6 所示，梯形螺纹的牙型为（　　）。

A. 图 a　　B. 图 b　　C. 图 c　　D. 图 d

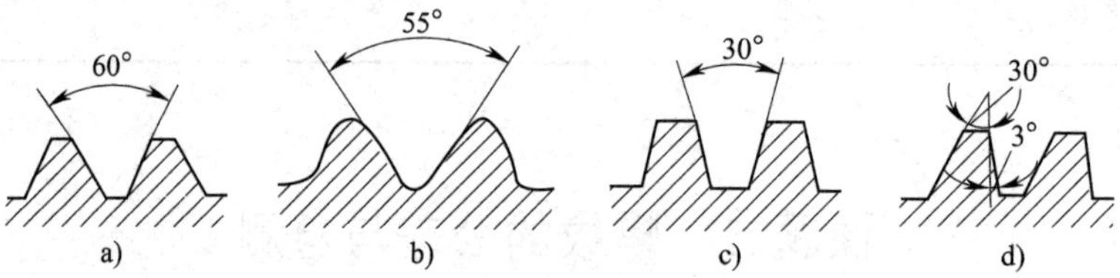

图 4—6　螺纹的牙型

5. 下列关于螺纹塞规通规的描述中错误的是（　　）。

A. 合格零件能顺利旋合

B. 具有完整的牙型

C. 长度等于被检测螺纹的旋合长度

D. 牙扣只做出几个牙

四、问答题

1. 螺旋线是如何形成的？

2. 什么是螺纹大径？什么是螺纹小径？什么是螺纹中径？

3. 什么是螺距？什么是导程？它们之间有什么关系？

4. 如何用螺纹塞规检测内螺纹？

5. 如何用螺纹环规检测外螺纹？

五、综合题

1. 解释下列普通螺纹代号的含义。

（1）M24—6H

（2）M36×2—5g6g

2. 查表并计算 M20—6G 的中径和顶径的上极限尺寸和下极限尺寸。

3. 查表并计算 M14—5g6g 的中径和顶径的上极限尺寸和下极限尺寸。

六、检测题

1. 用螺纹样板、千分尺、螺纹千分尺等测量教材中图 4—30 所示螺杆上的外螺纹，并根据图样上的螺纹公差要求判断螺纹是否合格。

（1）计算外螺纹顶径和中径的公差。

（2）简述所用量具、量仪与工具。

（3）测量螺距和牙型角，判断其是否合格。

（4）测量外螺纹大径，采集数据，填入下表，判断其是否合格。

测量次数	1	2	3	4	5	是否合格
测量值（mm）						

（5）测量外螺纹中径，采集数据，填入下表，判断其是否合格。

测量次数	1	2	3	4	5	是否合格
测量值（mm）						

2. 根据学校的实际情况，选择具有内螺纹的零件，绘制零件视图，标注尺寸，选择螺纹公差并进行标注，用螺纹塞规检测内螺纹，判断其是否合格。

3．根据学校的实际情况，选择具有外螺纹的零件，绘制零件视图，标注尺寸，选择螺纹公差并进行标注，用螺纹环规检测外螺纹，判断其是否合格。

课题三　滚动轴承的公差与配合

一、填空题（将正确答案填写在横线上）

1．根据滚动轴承的受力方向，滚动轴承可分为______________和______________两种。

2．滚动轴承一般由____________、____________、____________、____________四部分组成。

3．向心轴承公差等级分为_____、_____、_____、_____、_____五级。

二、判断题（正确的在括号内打√，错误的在括号内打×）

1．推力轴承公差等级中，0、6、5、4 级的精度依次升高。　（　　）

2．滚动轴承内圈公差带的下极限偏差为 0，外圈公差带的上极限偏差为 0。　（　　）

3．普通机床主轴的前支撑采用 5 级滚动轴承，后支撑采用 6 级滚动轴承。　（　　）

三、选择题（将正确答案的序号填写在括号内）

1．圆锥滚子轴承公差等级中（　　）。

A．普通级最高，2 级最低　　B．6x 级最高，普通级最低

C．6x 级最高，2 级最低　　D．普通级最低，2 级最高

2．轴与深沟球轴承内圈配合时，形成过盈配合的轴颈的公差带为（　　）。

A．g6　　B．h7　　C．js6　　D．m6

3．孔与深沟球轴承外圈配合时，形成间隙配合的孔的公差带为（　　）。

A．H6　　B．JS6　　C．K6　　D．P6

4．普通减速器一般采用（　　）级滚动轴承。

A．普通　　B．6　　C．4　　D．2

四、问答题

1．向心滚动轴承的公差带在零线的什么位置？

2. 影响滚动轴承与轴颈和外壳孔配合的因素有哪些？如何确定与滚动轴承配合的轴颈和外壳孔的公差带？

五、综合题

1. 如图 4—7 所示为普通一级齿轮减速器中的传动装置，在齿轮轴和输出轴上各安装了两个相同规格的深沟球轴承，试选择深沟球轴承的型号、精度等级，确定轴和箱体孔的公差带，并在图 4—7 中标注滚动轴承的配合代号。

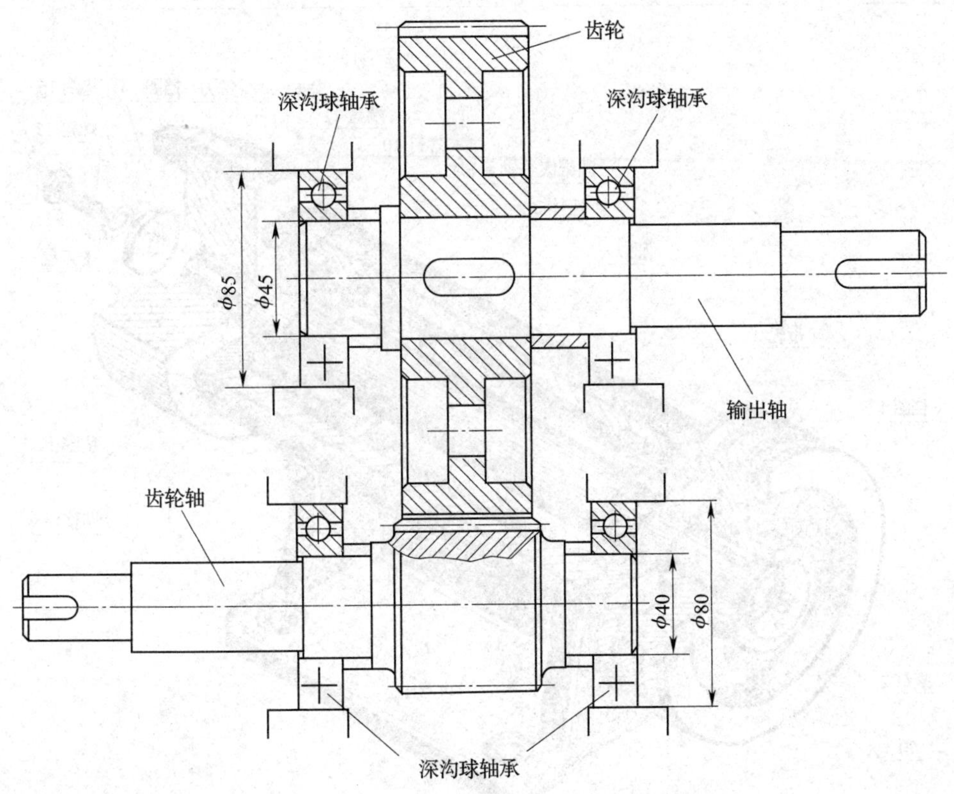

图 4—7　普通一级齿轮减速器中的传动装置

2. 如图 4—8 所示为铣刀头，图中序号为 6 的零件为圆锥滚子轴承。试选择圆锥滚子轴承的型号、精度等级，确定轴和座体孔的公差带，并在图 4—8a 中标注滚动轴承的配合代号。

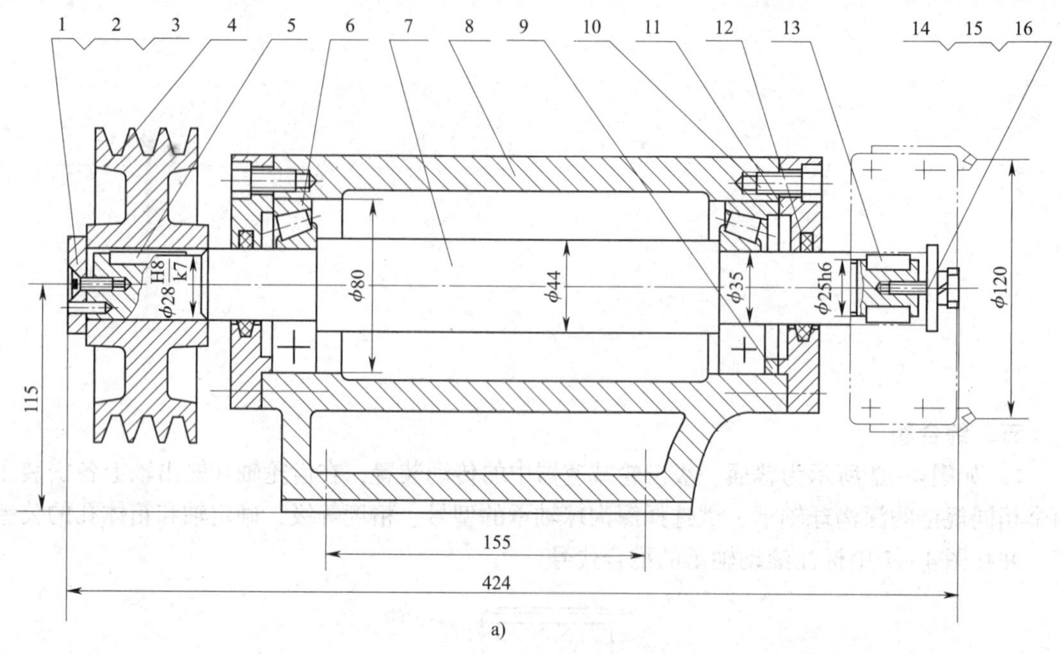

a)

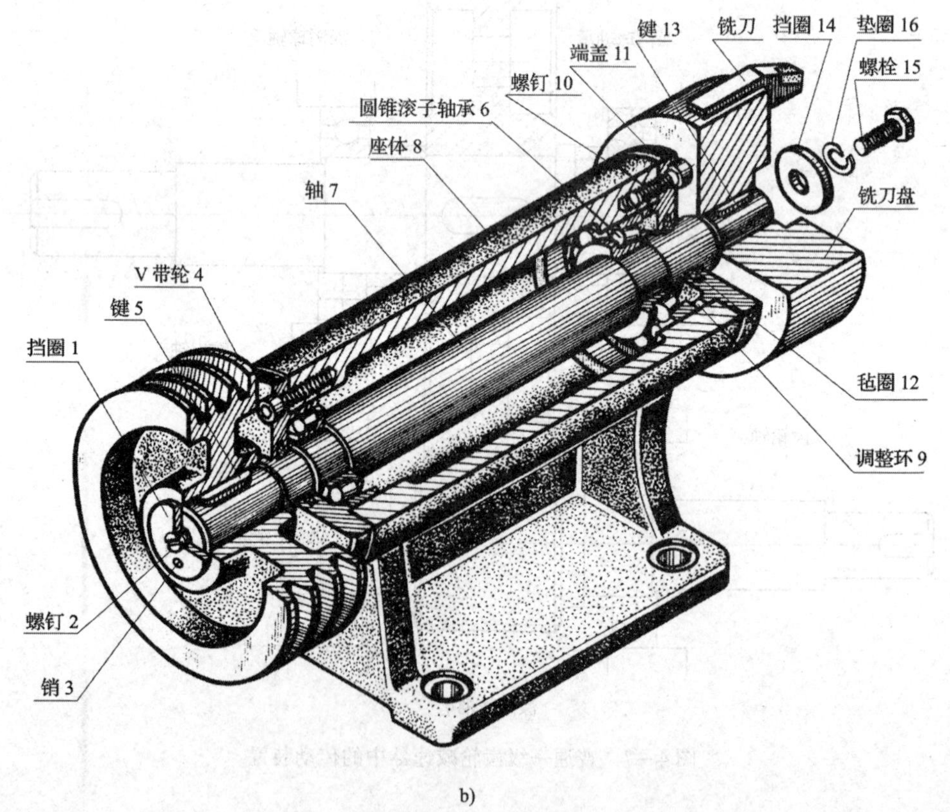

b)

图 4—8　铣刀头

a）装配图　b）立体图